中等职业教育"十二五"规划教材

中职中专计算机类教材系列

C 语言程序设计与实训

宋世发　郑　泳　主　编

蔡其能　黄　敏　副主编

科学出版社

北　京

内 容 简 介

本书共分 11 章，内容有：C 语言概述、输入输出的应用、C 语言的基本数据类型、运算符和表达式、语句及条件控制、循环控制、数组、函数、指针、结构体及文件等。本书突出"语言和程序设计"两大主题，通过对本书的学习，使学生能在 Turbo C 2.0 的环境下，应用 C 语言进行初步的程序设计。

本书紧抓中职教育的特点，用较大的篇幅安排了模仿试验、验证试验及试试看、动手做一整套试验及实训环节。本书旨在让读者在学中做，做中学，培养其良好的应用能力。

本书可作为中等职业技术学校计算机类专业的教材。

图书在版编目（CIP）数据

C 语言程序设计与实训/宋世发，郑泳主编. —北京：科学出版社，2008
（中等职业教育"十二五"规划教材·中职中专计算机类教材系列）
ISBN 978-7-03-022514-6

Ⅰ．C⋯ Ⅱ．①宋⋯②郑⋯ Ⅲ．C 语言–程序设计–专业学校–教材
Ⅳ．TP312

中国版本图书馆 CIP 数据核字（2008）第 103992 号

责任编辑：陈砺川／责任校对：耿 耘
责任印制：吕春珉／封面设计：耕者设计工作室

科 学 出 版 社 出版
北京东黄城根北街16号
邮政编码：100717
http://www.sciencep.com

北京中科印刷有限公司 印刷
科学出版社发行 各地新华书店经销

＊

2008 年 7 月第 一 版 开本：787×1092 1/16
2008 年 7 月第一次印刷 印张：13 1/2
2020 年 9 月第九次印刷 字数：302 000

定价：41.00 元
（如有印装质量问题，我社负责调换〈中科〉）

销售部电话 010-62134988 编辑部电话 010-62138978-8203

编 委 会

前　言

C 语言是一种优秀的结构化程序设计语言，许多著名的系统软件和应用软件都是用 C 语言编写的。由于它具有灵活性、结构化等特点，因此被各大学以及各级各类高、中等职业技术学校作为首选的入门程序设计语言，并将其作为专业基础课来设置，其目的是为学习其他的程序设计语言奠定算法及编程的基础，并培养学生的基本程序设计思想及编程能力。全国计算机二级等级考试、全国计算机应用证书考试都规定设置了 Turbo C 2.0 环境下的"C 语言程序设计"考试项目。当今流行的 Java 语言也来源于 C 语言。这些足以说明 C 语言的重要性。

针对中职学生的特点，并考虑到 C 语言在计算机类、信息类专业课程以及计算机公共基础课程体系中的地位和作用，为了培养学生对程序设计的理解、熟悉基本算法、掌握 C 语言的语法规范、建立起程序设计的思想，并通过对 C 语言的学习，体验一种全新的思维方式，本书的编写力求体现以下几方面的特点。

1. 体现中职学生的心智特点，力求教材通俗易懂

考虑到中职学生的年龄特点以及心理、智力因素，本书在编写的描述语言上力求做到简洁直白、通俗明了，概念和术语力求用通俗易懂的、深入浅出的语言来表述；其次在内容的编排上力求做到由浅入深、例题引导，在叙述方式上加强了程序设计的方法和 C 语言的运用；在控制结构的讲解中，尽量以框图的形式介绍算法的逻辑思维方式，并在程序的实现上给予了详细的注释及说明；且在实践能力的培养上采用了循序渐进，试验案例由表及里的方法及措施。力求使教材适合中职学生的年龄及文化层次的特点。

2. 体现中职学生的思维特点，力求内容适度够用

C 语言程序设计是中等职业技术学校的学生第一次系统学习计算机的高级语言。全新的思维方式是习惯了学历教育的中职学生学习思维模式的大敌。本书充分考虑到了学生的特点，以及 C 语言课程在专业课程体系中的地位和作用。因此在内容的选材上加强了对基本数据类型、控制结构等基础内容的介绍，其目的就是以介绍基本的程序设计思想为主，着重讲解语法规范以及程序的控制结构，将位运算、指针、结构体等较为抽象、复杂的知识点能删就删，能减则减。力求教材体现中职学生的思维特点，也实现职业教育的知识适度、够用。

3. 体现中职职业教育的特点，力求培养学生的应用能力

职业教育的主要目的就是在于培养受教育者的职业技能和方法，向受教育者传授科学技术知识与生产劳动经验，开发受教育者的智力，并将其潜在的生产力转化为现实的生产力。正是基于这一原则，本书力求做到紧扣基础、循序渐进、面向应用；在教材的

每一章，用较大的篇幅安排了模仿试验、验证试验及试试看、动手做一整套试验及实训环节。通过让学习者在学中做，做中学来培养其良好的应用能力。

　　本书讲解的内容包括：C 语言概述、输入输出的应用、C 语言的基本数据类型、运算符和表达式、语句及条件控制、循环控制、数组、函数、指针、结构体及文件，共 11 章。

　　本书的所有程序都在 Turbo C 2.0 上编译、运行通过。

　　宋世发任本书主编，其中宋世发编写第 1、2、3、4 章，蔡其能编写第 5 章、黄敏编写第 6 章、郑泳编写第 7、8、9 章、桂峰编写第 10 章、方亚晴编写第 11 章。宋世发、郑泳负责全书的统撰。

　　在编写的过程中，袁方、王科、胡荣等同志做了大量的校对及程序验证工作，在此向这些付出了辛勤劳动的同志一并表示感谢。

　　本书在编写的过程中得到了许多兄弟学校的大力支持与关心，在此向他们表示感谢。

　　本书在编写过程中也参考了许多文献及成果。对本书参考书籍的作者、因特网上信息的提供者及作者，在此表示深深的敬意及诚挚的感谢。

　　由于编者水平所限、时间仓促，书中难免有欠妥之处，敬请广大读者、专家批评指正。

目　　录

第1章

C 语言程序概述

知识目标

- C 语言的历史和发展过程。
- C 语言的特点、C 语言的基本语法成分、熟悉 C 程序的组成。
- C 程序的编译及链接过程、熟悉 C 程序的编译环境。

技能目标

- 熟悉 C 语言的语法成分，包括 C 语言的字符集、标识符、关键字、运算符、分隔符、常量、注释等，能正确地使用 C 语言的字符集、掌握 C 语言标识符的命名规则，能运用 C 语言的标识符命名变量，掌握 C 语言的注释方式和方法。
- 熟悉 C 程序的结构，掌握 C 程序的基本组成以及组成 C 程序的一些基本元素，如：预编译、函数体、声明语句、执行语句、main()函数等。
- 熟悉 C 语言的编辑、编译和运行环境，掌握 C 程序的实现过程。

本章介绍程序员编制程序所应该经历的步骤，你将了解到为什么要设计出 Turbo C 程序设计语言，并且简单地了解一下 C 语言的前景。本章向你展示如何开启编译程序，如何输入编辑和编译程序。尽管在这章中你会看到 C 代码，但你仍不会理解 C 代码。学习 C 语言之前，你应该学会如何输入、编译和运行 C 程序，只要你掌握了 Turbo C 的编译环境，你就可以在下章中开始学习 C 语言。

本章是 C 语言程序设计的入门部分，从整体上介绍 C 语言的起源和发展，讲述 C 语言的特点、结构和基础语法要点。

1.1 C 语言概述

1.1.1 C 语言的发展

C 语言是世界上广泛流行的程序设计语言之一，它适合于作系统描述语言，即用来写系统软件，也可以用来写应用软件。

早期的操作系统等系统软件主要是用汇编语言编写的（包括 UNIX 操作系统在内）。但是汇编语言存在明显的缺点，即可读性和可移植性都比较差，为了提高可读性和可移植性，最好改用高级语言，但是一般高级语言难以实现汇编语言的某些功能（汇编语言可以直接对硬件进行操作，例如对内存地址的操作、位操作等）。人们希望能找到一种既具有一般高级语言特性，又具有低级语言底层操作能力的语言，集它们的优点于一身，于是 C 语言在 20 世纪 70 年代初应运而生了。1978 年由美国电话电报公司(AT&T)的贝尔实验室正式发表了 C 语言，同时由 B.W.Kernighan 和 D.M.Ritchit 合著了影响深远的 "THE C PROGRAMMING LANGUAGE"一书，通常简称为《K&R》，也有人称之为《K&R》标准。但是，在《K&R》中并没有定义一个完整的标准 C 语言，许多开发机构推出了自己的 C 语言版本，这些版本之间的微小差别不时引起兼容性上的问题，后来由美国国家标准学会 ANSI（American National Standard Institute）在各种 C 语言版本的基础上制定了一个 C 语言标准，于 1983 年发表，通常称之为 ANSI C。1987 年 ANSI 又公布了新标准——87 ANSI C。目前广泛流行的各种 C 编译系统都是以它为基础的。

早期的 C 语言主要是用于 UNIX 系统，由于 C 语言的强大功能和各方面的优点逐渐为人们认识，到了 20 世纪 80 年代，C 语言开始进入其他操作系统，并很快在各类大、中、小和微型计算机上得到了广泛的使用，成为当代最优秀的程序设计语言之一。

在 C 的基础上，1983 年又由贝尔实验室的 Bjarne Strou-strup 推出了 C++。C++进一步扩充和完善了 C 语言，成为一种面向对象的程序设计语言。C++提出了一些更为深入的概念，它所支持的这些面向对象的概念容易将问题空间直接地映射到程序空间，为程序员提供了一种与传统结构程序设计不同的思维方式和编程方法。因而也增加了整个语言的复杂性，掌握起来有一定难度。但是，C 是 C++的基础，C++语言和 C 语言在很多方面是兼容的。因此，掌握了 C 语言，再进一步学习 C++就能以一种熟悉的语法来学习面向对象的语言，从而达到事半功倍的目的。

目前最流行的 C 语言有以下几种：

1）Microsoft C 或称 MS C。

2）Borland Turbo C 或称 Turbo C。

3）AT&T C。

这些 C 语言版本不仅实现了 ANSI C 标准，而且在此基础上各自做了一些扩充，使之更加方便、完美。这些不同版本 C 语言之间有一定的差别，但对初学者来说，不必过多理会它们的差别，重在理解 C 语言的特点和编程方法。本书的叙述以 TURBO C 为准。

1.1.2 C 语言的特点

C 语言是一种通用、灵活、结构化、标准化、使用广泛的编程语言，能完成用户的各种任务，特别适合进行系统程序设计和对硬件进行操作的场合。C 语言本身不对程序员施加过多限制，是一种专业程序员优先选择的语言。它有如下主要特点：

1）C 语言简洁、紧凑，使用方便、灵活。ANSI C 一共只有 32 个关键字。

2）运算符丰富，共有 34 种。C 语言把括号、赋值、逗号等都作为运算符处理，从而使 C 语言的运算类型极为丰富，可以实现其他高级语言难以实现的运算。

3）数据结构类型丰富。

4）具有结构化的控制语句。

5）语法限制不太严格，程序设计自由度大。

6）C 语言允许直接访问物理地址，能进行位（bit）操作，能实现汇编语言的大部分功能，可以直接对硬件进行操作。因此有人把它称为中级语言。

7）生成目标代码质量高，程序执行效率高。

8）与汇编语言相比，用 C 语言写的程序可移植性好。

C 语言对程序员要求不高，程序员用 C 写程序会感到限制少、灵活性大，功能强，但较其他高级语言在学习上要困难一些。

1.2 基本语法成分

本节介绍 C 语言的字符集、关键字、标识符、运算符、分隔符和注释符等基本语法成分。

1.2.1 C 语言的字符集

字符是组成语言最基本的元素。C 语言字符集由字母、数字、空格、标点和特殊字符组成。在字符串常量和注释中还可以使用汉字或其他可表示的图形符号。

1）字母：小写字母 a～z 共 26 个，大写字母 A～Z 共 26 个。

2）数字：0～9 共 10 个。

3）空白符：空格符、制表符、换行符等统称为空白符。空白符只在字符常量和字符串常量中起作用。在其他地方出现时，只起间隔作用，编译程序对它们忽略。因此在程序中使用空白符与否，对程序的编译不发生影响，但在程序中适当的地方使用空白符将增加程序的清晰性和可读性。

4）标点和特殊字符：主要有 ! # % ^ & + - * / = ~ < > \ | . , : ; ? ' " ( ) { } [ ] 等。

由字符集中的字符可以构成 C 语言进一步的语法成分，如标识符、关键字、特殊的运算符等。

1.2.2 标识符

在程序中使用的变量名、函数名、标号等统称为标识符，用来标识各种程序成分。除库函数的函数名由系统定义外，其余都由用户自定义。C 语言规定，标识符只能是由字母(A~Z，a~z)、数字(0~9)、下划线(_)组成的字符串，并且其第一个字符必须是字母或下划线。

以下标识符是合法的：

                  a   x   x3   BOOK1   sum5   num_1

以下标识符是非法的：

    3s   以数字开头

    s*T   出现非法字符*

    -3x   以减号开头

    bowy-1 出现非法字符-（减号）

在使用标识符时还必须注意以下几点：

标准 C 不限制标识符的长度，但它受各种版本的 C 语言编译系统限制，同时也受到具体机器的限制。例如在某版本 C 中规定标识符前八位有效，当两个标识符前八位相同时，则被认为是同一个标识符。Turbo C 中标识符最大长度为 32 个字符。

在标识符中，大小写是有区别的。例如 BOOK 和 book 是两个不同的标识符。习惯上符号常量用大写字母表示，而变量名等用小写字母表示。

标识符虽然可由程序员随意定义，但不能与关键字同名，也不能与系统预先定义的标准标识符（如标准函数）同名。标识符是用于标识某个量的符号，因此，命名应尽量有相应的意义，以便阅读理解，做到"见名知义"。

1.2.3 关键字

关键字是由 C 语言规定的具有特定意义的字符串，通常也称为保留字。如类型说明符 int、double 等；语句特征 if、switch、while 等；预处理命令 include、define 等。关键字是构成 C 语言的语法基础，用户定义的标识符不应与关键字相同，也不能对关键字进行重新定义，如表 1.1 所示。

表 1.1　C 语言的关键字

auto	break	case	char	const	continue	default
do	double	else	enum	extern	float	for
goto	if	int	long	register	return	short
signed	static	sizof	struct	switch	typedef	union
unsigned	void	volatile	while			

9 种控制语句，程序书写自由，主要用小写字母表示，压缩了一切不必要的成分。Turbo C 扩充了 11 个关键字：

asm　　_cs　　_ds　　_es　　_ss　　cdecl　　far

huge　　interrupt　near　　pascal

在 C 语言中，关键字都是小写的。

1.2.4　运算符

C 语言中含有相当丰富的运算符。运算符与变量、函数一起组成表达式，表示各种运算功能。运算符由一个或多个字符组成。根据参加运算对象的个数，运算符可分为单目运算符、双目运算符和三目运算符。

1.2.5　分隔符

C 语言中的分隔符有逗号和空白两种，逗号主要用在类型说明和函数参数表中，分隔各个变量。空白包括：空格符、制表符、换行符，其多用于语句各单词之间，作间隔符。在关键字、标识符之间必须要有一个以上的空格符作间隔，否则将会出现语法错误。例如把"int a;"，写成"inta;"，C 编译器会把"inta"当成一个标识符处理，其结果必然出错。

1.2.6　常量

C 语言中使用的常量可分为数字常量、字符常量、字符串常量、符号常量、转义字符等多种，在后面章节中将专门给予介绍。

1.2.7　注释符

注释符是以"/*"开头并以"*/"结尾的字符串。在"/*"和"*/"之间的即为注释。程序编译时，不对注释做任何处理。注释可出现在程序中的任何位置，其用来向用户提示或解释程序的意义。在调试程序时对暂不使用的语句也可用注释符括起来，使编译跳过不做处理，待调试结束后再去掉注释符。

1.3 C 语言程序结构

1.3.1 简单的 C 语言程序介绍

为了说明 C 语言源程序结构的特点，先看以下几个程序。这几个程序由简到难，表现了 C 语言源程序在组成结构上的特点。虽然有关内容还未介绍，但可从这些例子中了解到组成一个 C 源程序的基本部分和书写格式。

【例 1.1】 打印"Hello world!"。

```
main()
{
    printf("Hello world! \n");
}
```

其中，main 是主函数的函数名，表示这是一个主函数。

每一个 C 源程序都必须有，且只能有一个主函数(main 函数)。

函数调用语句，printf 函数的功能是把要输出的内容送到显示器去显示。

printf 函数是一个由系统定义的标准函数，可在程序中直接调用。

双引号内字符串原样输出，"\n"是回车换行符。

【例 1.2】 显示正弦函数的运算结果。

```
#include<math.h>                /* include 称为文件包含命令*/
#include<stdio.h>               /*扩展名为.h 的文件称为头文件*/
main()
{
    double x,s;                 /*定义两个实数变量，以被后面程序使用*/
    printf("input number:\n");  /*显示提示信息*/
    scanf("%lf",&x);            /*从键盘获得一个实数 x*/
    s=sin(x);                   /*求 x 的正弦，并把它赋给变量 s*/
printf("sine of %lf is %lf\n",x,s);    /*显示程序运算结果*/
}                              /* main 函数结束*/
```

程序的功能是从键盘输入一个数 x，求 x 的正弦值，然后输出结果。在 main()之前的两行称为预处理命令(详见后面)。预处理命令还有其他几种，这里的 include 称为文件包含命令，其意义是把尖括号<>或引号""内指定的文件包含到本程序来，成为本程序的一部分。被包含的文件通常是由系统提供的，其扩展名为.h，因此也称为头文件或首部文件。C 语言的头文件中包括了各个标准库函数的函数原型。因此，凡是在程序中调用一个库函数时，都必须包含该函数原型所在的头文件。在本例中，使用了三个库函数：输入函数 scanf，正弦函数 sin,输出函数 printf。sin 函数是数学函数，其头文件为 math.h 文件，因此在程序的主函数前用 include 命令包含了 math.h。scanf 和 printf 是标准输入输出函数，其头文件为 stdio.h，在主函数前也用 include 命令包含了 stdio.h 文件。

　　需要说明的是，C 语言规定对 scanf 和 printf 这两个函数可以省去对其头文件的包含命令。所以在本例中也可以删去第二行的包含命令#include<stdio.h>。

【例 1.3】 输入两个整数，输出其中的大数。

```
/* 例 1.3 此函数的功能是输入两个整数，输出其中的大数。*/
#include "stdio.h"              /*定义头文件*/
int max(int a,int b);          /*函数声明*/
main()                         /*主函数*/
{
  int x,y,z;                   /*变量说明*/
  printf("input two numbers:\n");
  scanf("%d%d",&x,&y);         /*输入 x,y 值*/
  z=max(x,y);                  /*调用 max 函数，其中，x,y 做实际参数*/
  printf("maxmum=%d",z);       /*输出*/
}
int max(int a,int b)           /*定义 max 函数*/
{
  if(a>b)                      /*判断 a 是否大于 b*/
     return a;                 /*a 大于 b，返回 a*/
  else
     return b;                 /*a 小于 b，返回 b*/
}
```

　　上面程序的功能是由用户输入两个整数，程序执行后输出其中较大的数。本程序由两个函数组成，主函数和 max 函数，两者之间是并列关系。max 函数是一个用户自定义的函数，要先给出声明（程序第二行），它的功能是比较两个数，然后把较大的数返回。程序的执行过程是，首先在屏幕上显示提示字符串，请用户输入两个数，回车后由 scanf 函数语句接收这两个数送入变量 x、y 中，然后调用 max 函数，并把 x、y 的值传送给 max 函数的参数 a、b。在 max 函数中比较 a、b 的大小，把大者返回给主函数的变量 z，最后在屏幕上输出 z 的值。有关函数、参数等的概念以后章节会详细讲述，这儿只想使读者有个初步印象。

1.3.2　C源程序的结构特点

　　1）一个 C 语言源程序可以由一个或多个源文件组成，每个源文件以 “.c” 作为扩展名。

　　2）每个源文件可由一个或多个函数组成。

　　3）一个源程序不论由多少个文件组成，都有一个且只能有一个 main 函数，即主函数，整个程序的运行从主函数开始。

　　4）源程序中可以有预处理命令（include 命令仅为其中的一种），预处理命令通常应放在源文件或源程序的最前面。

　　5）每一个说明，每一个语句都必须以分号结尾。但预处理命令，函数头和花括号 "}" 之后不能加分号。

6）标识符，关键字之间必须至少加一个空格以示间隔。若已有明显的间隔符，也可不再加空格来间隔。

1.3.3 书写程序时应遵循的规则

从书写清晰、便于阅读、理解和维护的角度出发，在书写程序时应遵循以下规则：

1）一个说明或一个语句占一行。

2）用{}括起来的部分，通常表示了程序的某一层次结构。{}一般与该结构语句的第一个字母对齐，并单独占一行。

3）低一层次的语句或说明可比高一层次的语句或说明缩进若干格后书写。以便看起来更加清晰，增加程序的可读性。在编程时应力求遵循这些规则，以养成良好的编程风格。

1.4 C语言的编辑、编译和运行

C 语言程序在计算机上的实现与其他高级语言一样，一般要经过编辑、编译、连接、运行四个步骤，如图 1.1 所示。

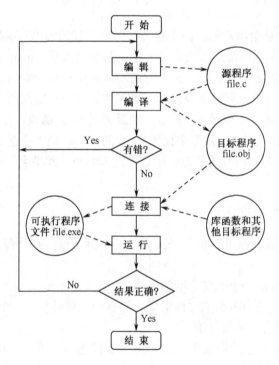

图 1.1 C 语言程序的实现过程

1. 编辑

编辑就是建立、修改 C 语言源程序并把它输入计算机的过程。C 语言的源文件以文本文件的形式存储在磁盘上，它的后缀名为.c。

源文件的编辑可以用任何文字处理软件完成，一般用编译器本身集成的编辑器进行编辑。

2. 编译

C 语言是以编译方式实现的高级语言，C 程序的实现必须经过编译程序对源文件进行编译，生成目标代码文件，它的后缀名为.obj。

编译前一般先要进行预处理，譬如进行宏代换、包含其他文件等。

编译过程主要进行词法分析和语法分析，如果源文件中出现错误，编译器一般会指出错误的种类和位置，此时要回到编辑步骤修改源文件，然后再进行编译。

3. 连接

编译形成的目标代码还不能在计算机上直接运行，必须将其与库文件进行连接处理，这个过程由连接程序自动进行，连接后生成可执行文件，它的后缀名为.exe。

如果连接出错同样需要返回到编辑步骤修改源程序，直至正确为止。

4. 运行

一个 C 源程序经过编译、连接后生成了可执行文件。要运行这个程序文件，可通过编译系统下的运行功能，也可以在 DOS 系统的命令行输入文件名后再按 Enter 键确定，或者在 Windows 系统上双击该文件名。

程序运行后，可以根据运行结果判断程序是否还存在其他方面的错误。编译时产生的错误属于语法错误，而运行时出现的错误一般是逻辑错误。出现逻辑错误时需要修改原有算法，重新进行编辑、编译和连接，再运行程序。

 本章小结

C 语言已有较长的发展历史，目前，ANSI 标准 C 具有基础性地位。

C 语言是一种高级语言，它可读性强，层次清晰，便于按模块化方式组织程序，易于调试和维护。同时，C 语言的数据类型丰富而有特色，能实现各种复杂的数据结构，完成各种问题的数据描述。除了这些作为高级语言的优点外，C 语言可以直接访问物理地址，进行位（bit）一级的操作，能实现汇编语言的大部分功能。因此，C 语言集高级语言和低级语言的优点于一身，有时也被称为中级语言。

C 语言源程序的书写规范非常重要，主要包括大小写习惯、语句的结束符号、层次与缩进、合理使用注释等。这些规范有的是强制执行，不这样做就会导致编译错误。另外有一些是经验总结，使程序易于理解和调试，我们应一开始就养成自觉遵守书写规范的好习惯。

本章还介绍了 C 语言的结构特征、主函数的作用及位置无关性（最先执行）、函数的分类及库函数、头文件及预处理、标识符的构成规则等基础知识。在等级考试中，这些内容经常出现在选择题中，尤其是标识符的构成规则、主函数的特性等。

 思考与练习

1. 简述 C 语言的主要特点。
2. 简述标识符的构成规则。
3. 简述注释在 C 语言中的作用及书写方法。
4. 简述 C 程序的实现步骤。
5. 下列选项中，可以作为 C 语言标识符的是（   ）。
   A. 3stu   B. #stu   C. stu3   D. stu.3
6. 下列选项中，不可以作为 C 语言标识符的是（   ）。
   A. num   B. turbo_c   C. printf   D. student3
7. 下列标识符中，合法的是（   ）。
   A. -abc1   B. 1abc   C. abc1   D. for
8. C 语言程序的基本单位是（   ）。
   A. 语句   B. 程序行   C. 函数   D. 字符

 实训一　C 语言的运行环境和运行过程

一、实训目的

1）了解 DOS、Windows 环境下 C 语言的运行环境，了解所用计算机系统的基本操作方法，学会独立使用该系统。

2）了解在该系统上如何编辑、编译、连接和运行一个 C 程序。

3）通过运行简单的 C 程序，初步了解 C 源程序的特点。

二、知识要点

通过课堂上的学习，我们对 C 语言已有了初步了解，对 C 语言源程序结构有了总体的认识，那么如何在机器上运行 C 语言源程序呢？任何高级语言源程序都要"翻译"成机器语言，才能在机器上运行。"翻译"的方式有两种，一种是解释方式，即对源程序解释一句执行一句；另一种是编译方式，即先把源程序"翻译"成目标程序（用机器代码组成的程序），再经过连接装配后生成可执行文件，最后执行可执行文件而得到结果。C语言的"翻译"方法为后者。

1. Turbo C 工作环境介绍

一个 C 语言程序的实施是从进入 Turbo C 的集成环境开始的，而进入 C 语言的环境，一般有两种途径：从 DOS 环境进入和从 Windows 环境进入。

（1）从 DOS 环境进入

在 DOS 命令行上键入：

```
C>CD \TC↙（指定当前目录为 TC 子目录）
C>TC↙     （进入 Turbo C 环境）
```

这时进入 Turbo C 集成环境的主菜单窗口。

（2）从 Windows 环境进入

在 Windows 95/98/2000/XP 环境中，如果本机中已安装了 Turbo C，可以在桌面上建立一个快捷方式，双击该快捷图标即可进入 C 语言环境。或者从开始菜单中找到"运行"，在运行对话框中键入"C:\TC\TC"，"确定"即可。

需要说明的是，以上两种方式有一个共同的前提，即 Turbo C 的安装路径为 C:\TC，如果你的计算机中 Turbo C 的安装路径不同的话，在上述方式中改变相应路径即可。

刚进入 TC 环境时，光带覆盖在"File"菜单上，整个屏幕由四部分组成，依次为：主菜单、编辑窗口、信息窗口和功能提示行（或称快速参考行）。

2. Turbo C 环境中运行 C 语言源程序的步骤

（1）编辑源文件

编辑源文件可以用多种方式进行，一般常用的方式是：

打开记事本：用鼠标点击"开始"→"程序"→"附件"→"记事本"，在记事本里输入 C 程序。

保存该程序文件：点击记事本文件菜单下的"保存"（新文件）→打开"保存"对话框→选择保存的盘符（比如 E:\）→单击 ▱ "创建"一个新文件夹（目录）→在 保存类型 (T)：框上选择"所有文件"→在 文件名 (N)：框里输入源程序的文件名（请注意一定要用.c 作 C 源程序文件的后缀名）→最后点击保存。

加载或导入文件：在主菜单下，直接按 Alt+F 键，或按 F10 键后将光带移到"File"选项上，按回车键，在"File"下面出现一个下拉菜单，光标选项停留在"Load"上后直接回车，输入 C 源文件所在盘和路径后（也可直接在路径后输入 C 源文件的文件名，如 E:\sss\1_1.c）。

建立一个新文件，也可在 TC 的编辑窗口中进行，其方式是：用光标移动键将"File"菜单中的光带移到"New"处，按回车键，即可打开编辑窗口。此时，编辑窗口是空白的，光标位于编辑窗口的左上角，屏幕自动处于插入模式，可以输入源程序。屏幕右上角显示缺省文件名为 NONAME.C，编辑完成之后，可用 F2 键或选择"Save"或"Write to"进行存盘操作，此时系统将提示用户将文件名修改成为所需要的文件名。但这种编辑源文件方式效率低下，不宜采用。

（2）源程序的编译、连接

直接按 F9 键，或将菜单"Compile"中的光带移到"Make EXE file"项上，按回车键，就可实现对源程序的编译、连接。若有错误，则在信息窗口显示出相应的信息或警告，按任意键返回编辑窗口，光标停在出错位置上，可立即进行编辑修改。修改后，再按 F9 键进行编辑、连接。如此反复，直到没有错误为止，即可生成可执行文件。

 注意　　　C 程序的连接是在编译后自动完成的。

（3）执行程序

直接按 Ctrl+F9 键，即可执行.EXE 文件；或在主菜单中（按 F10 键进入主菜单）将光带移到"Run"选项，按回车键，弹出一个菜单，选择"Run"选项，回车。这时并不能直接看到输出结果。输出结果是显示在用户屏幕上，在 TC 屏幕上看不到，直接按复合键 Alt+F5，或选择"Run"菜单中的"User Screen"选项，即可出现用户屏幕，查看输出结果。按任意键返回 TC 集成环境。

另外，选择"Run"菜单下的"Run"项，或直接按 Ctrl+F9 键，可将 C 程序的编译、连接、运行一次性完成，即第 3 步中包含有第 2 步的工作。

如果程序需要输入数据，则在运行程序后，光标停留在用户屏幕上，要求用户输入数据，数据输入完成后程序继续运行，直至输出结果。

如果运行结果不正确或其他原因需要重新修改源程序，则需重新进入编辑状态。修改源程序，重复以上步骤，直到结果正确为止。

（4）退出 Turbo C 集成环境

退出 Turbo C 环境，返回操作系统状态。可在主菜单选择"File"菜单的"Quit"选项，或者直接按 Alt+X 键。

在执行退出 Turbo C 环境时，系统将检查一下当前编辑窗口的程序是否已经存盘，若未存盘，系统将弹出一个提示窗口，提示是否将文件存盘，若按"Y"键则将当前窗口内的文件存盘后退出；若按"N"键则不存盘退出。

三、实训设备

PC 机、Turbo C 2.0。

四、实训内容与步骤

输入并运行例题中程序，熟悉调试 C 程序的方法与步骤。

【例 1.4】　编程实现在屏幕上显示如下两行文字。

```
Hello, China!
Wolcome to the C language world!
```

建议选用文件名的方式以本书章节的取名方式进行，如第 1 章的第一个程序建议使用 1_1.c，第二个程序建议使用 1_2.c，以此类推。

程序 1_1.c 如下：

```
main()
{
 printf("Hello, China!\n");
 printf("Wolcome to the C language world!\n");
}
```

然后用 Ctrl+F9 键编辑执行 1_1.C，用 Alt+F5 键查看结果，即在屏幕上显示题目要求的两行文字。按回车键重新返回 Turbo C 的编辑环境。

 运行程序之前最好先存盘。

【例 1.5】　输入并运行程序，写出运行结果。

```
main()
{
  int x,y,sum;
  x=321;
  b=123;
  sum=x+y;
  printf("sum is %d\n",sum);
}
```

运行方法同上，最后结果为：

```
sum is 444
```

【例 1.6】　输入并运行程序，写出运行结果。

```
int max (int x, int y);
main()
{
  int x,y,z;
  scanf("%d,%d",&x,&y);
  z=max(x,y);
  printf("max=%d",z);
}
int max(int x,int y)
{
  int z;
  if (x>y) z=x;
  else z=y;
  return(z);
}
```

这个程序的功能是对于任意输入的两个整数，输出较大的那个数。所以程序运行之后，光标将停留在用户屏幕上，等待用户输入两个整数，比如输入"3，5"，回车，在用户屏幕上就会输出"max=5"。

五、注意事项

由于本次实验是开课后的第一次实验，在进行新实验开始之前，请必须先熟悉一下本书中相关上机的内容，不要在上机的时候边看边实验。

六、预习要求

预习本书中第 1 章的相关内容。

七、实训报告

1. 写出一个 C 语言程序的构成。
2. 参照例题，编写一个 C 程序，输出以下信息：

```
*****************************
        I am a student
*****************************
```

3. 编写一个 C 语言程序，输入 a、b、c 三个数，输出这三个数的代数和。试想，如果求三个数中的最大值或最小值，程序该如何编写。

输入、输出的应用

知识目标

- C 语言输入输出的概念。
- C 语言标准输入、输出函数的正确使用方法。
- C 语言格式控制字符的使用。

技能目标

- 熟悉 printf 函数的一般形式，掌握常用的格式字符、格式字符串的一般表现形式，能运用 printf 函数按照指定的格式来控制输出参数，达到正确控制输出数据的目的。
- 熟悉 scanf 函数的一般形式，掌握常用的格式字符、scanf 函数格式字符串一般形式，scanf 格式字符，能运用 scanf 函数按照指定的格式控制输入参数，达到按照某种要求控制输入数据的目的。
- 熟悉字符数据的输入输出函数 getchar()、putchar()、gets()、puts() 等，掌握以上各种函数对字符数据处理的要求。

printf( )函数是将数据输出到屏幕上；scanf( )函数是通过键盘将数据输入到计算机的内存储器。printf( )、scanf( )是 C 语言附带的最常用的库函数之一。通过使用每个 printf( )函数提供的字符串，printf( )就可以知道你如何输出数据。本章解释如何利用 printf( )输出数据，数据以何种形式或尺寸出现；以及如何利用 scanf( )函数输入数据。通过对本章的学习，你应该学会如何利用 printf( )、scanf( )函数来设计数据输入与输出的形式及样式，并掌握格式控制字符对数据类型的操作与控制。

2.1　数据输入/输出的概念及在C语言中的实现

所谓输入输出是以计算机为主体而言的。本节介绍的是向标准输出设备——显示器输出数据的语句，以及由标准输入设备——键盘输入数据的语句。在 C 语言中，所有的数据输入、输出都是由库函数完成的，因此都是函数语句。

在使用 C 语言库函数时，要用预编译命令

```
#include
```
其意思是将有关"头文件"包括到源文件中。

使用标准输入输出库函数时要用到"stdio.h"文件，因此源文件开头应有以下预编译命令：

```
#include< stdio.h >
```
或

```
#include "stdio.h"
```
stdio 是 standard input &outupt 的意思。

考虑到 printf 和 scanf 函数使用频繁，系统允许在使用这两个函数时可不加

```
#include <stdio.h>
```
或

```
#include "stdio.h"
```

2.2　printf 函数

printf 函数称为格式输出函数，其功能是按用户指定的格式，把指定的数据输出到标准输出设备上。

2.2.1　printf 函数的一般形式

printf 函数是一个标准库函数，它的函数原型包含在标准输入输出头文件"stdio.h"中，printf 函数的一般形式为：

```
printf("格式字符串",输出表列)
```

如：

```
printf("hello");
printf("The area is :%f",area);
```

2.2.2 转义字符的使用

C 语言中允许使用一种特殊形式的字符常量，就以一个 "\\" 开头的字符序列，称为转义字符。常用的转义字符参见表 2.1。

表 2.1 转义字符

字符形式	含　义	ASCII 代码
\n	换行，将当前位置移到下一行开头	10
\t	横向跳格（即跳到下一个输出区，一个输出区占 8 列）	9
\b	退格，将当前位置移到前一列	8
\r	Enter，将当前位置移到本行开头	13
\f	换页，将当前位置多到下页开头	12
\\	反斜杠字符 "\→"、"→\"	92
\'	单引号字符	39
\"	双引号字符	34
\ddd	1 到 3 位 8 进制数所代表的字符	
\xhh	1 到 2 位 16 进制数所代表的字符	

【例 2.1】 转义字符的使用。

```
main()
{char a,b,c;
  a='n';
  b='e';
  c='\167';                     /* 8 进制数 167 代表的字符 w */
  printf("%c%c%c\n",a,b,c);     /* 以字符格式输出 */
  printf("%c\t%c\t%c\n",a,b,c); /*输出一个字符后跳到下一输出区输出下一字符*/
  printf("%c\n%c\n%c\n",a,b,c); /* 每输出一个字符后换行 */
}
```

运行结果如下：

```
new
n□□□□□□□e□□□□□□□w              "□"代表空格,下同
n
e
w
```

2.2.3 printf 函数的调用

printf 函数是格式输出函数，其功能是按照指定的格式来控制输出参数在标准输出设备上输出。格式控制用于指定输出参数的输出格式，格式控制由两部分组成：格式说明

和普通字符。普通字符（包括转义字符）将被简单地复制显示（或执行）。一个格式说明项将引起输出参数项的转换与显示。

例如，以下程序

```
main()
{ int a=3,b=4;
  printf("a=%d␣b=%d\n",a,b);
}
```

在上面 printf 语句中，"%d"是格式说明（格式说明总是以"％"开头），"a="、"␣"、"b="为普通字符，普通字符按原样输出，"\n"为转义字符，即按 Enter 键换行，使下次输出在下一行的开始处。上例的输出结果为：

```
a=3␣b=4
```

【例 2.2】 示例程序。

```
main()
{ char ch1='a',ch2='b';
  printf("ch1=%c,ch2=%c\n",ch1,ch2);
  printf("ch1=%d,ch2=%d\n",ch1,ch2);
}
```

程序运行结果为：

```
ch1=a,ch2=b
ch1=97,ch2=98
```

在 Turbo C 中，printf 函数输出表列中的求值顺序是从右到左进行的。

2.2.4 格式字符串

在 Turbo C 中 printf 函数格式字符串一般形式为：

%[±][m.n][h/l]格式字符

其中有方括号[]的项为任选项，各项的意义如表 2.2 所示。

表 2.2 printf 函数格式字符串中各符号的意思说明

开始符	标志字符	宽度指示符	小数点	精度指示符	长度修正符	格式转换字符
%	±/*	m	.	n	h/l	格式字符

说明：1）格式字符：格式字符用来表示输出数据的类型，格式控制字符串不能省略，其常用符号和含义参见表 2.3。

表 2.3 printf 格式字符

格式字符	说　明
d,i	以带符号的十进制形式输出整数（正数不输出符号）
o	以八进制无符号形式输出整数（不输出前导 0）
x,X	以十六进制无符号形式输出整数（不输出前导符 0x），用 x 则输出十六进制数的 a~f 时以小写形式输出；用 X 时，则以大写字母输出

格式字符	说　　　明
u	以无符号十进制形式输出整数
c	以字符形式输出，只输出一个字符
s	输出字符串
f	以小数形式输出单、双精度数，隐含输出 6 位小数。
e,E	以指数 "e" 或 "E" 形式输出实数。（如 1.2e+02 或 1.2E+02）
g,G	选用%f或%e格式中输出宽度较短的一种格式，不输出无意义的 0。用 G 时，若以指数形式输出，则指数以大写表示
p	输出变量在内存中的地址

2）标志字符：标志字符包括-、+、#三种，具体含义参见表 2.4。

表 2.4　printf 标志字符

字　　　符	意　　　义
−	输出结果左对齐，右边填空格；缺省则输出结果右对齐，左边填空格或零
+	输出值为正时冠以 "+" 号，为负时冠以 "−" 号
#	八进制输出时加前缀 0；十六进制输出时加前缀 0x

例如，以下语句输出六位十进制整数：

```
printf("%6d\n",123);
printf("%-6d\n",123);
```

输出结果为：

    ␣␣␣123　（输出右对齐，左边填空格）

    123␣␣␣　（输出左对齐，右边填空格）

例如，语句

```
printf("%+d,%+d\n",123,-123);
```

输出结果为：

    +123,-123

输出八进制或十六进制时，可以使用以下形式：

```
printf("%#o,%#x\n",123,123);
```

输出结果为：

    0173,0x7b

3）宽度指示符：用来设置输出数据项的最小宽度，通常用十进制整数来表示输出的位数。如果输出数据项所需实际位数多于指定宽度，则按实际位数输出，如果实际位数少于指定的宽度则用空格填补。示例如表 2.5 所示。

4）精度指示符：以 "."开头，用十进制整数指精度。对于 float 或 double 类型的浮点数可以用 "m.n"的形式在指定宽度的同时来指定其精度。其中，"m"用以指定输出数据所占总的宽度，"n"称为精度。示例如表 2.6 所示。

表2.5   宽度指示符示例程序

输出语句	输出结果
printf("%d\n",888);	888（按实际需要宽度输出）
printf("%6d\n",888);	␣␣␣888（输出右对齐，左边填空格）
printf("%f\n",888.88);	888.880000（按实际需要宽度输出）
printf("%12f\n",888.88);	␣␣888.880000（输出右对齐，左边填空格）
printf("%g\n",888.88);	888.88（%f格式比采用%e格式输出宽度小）
printf("%8g\n",888.88);	␣␣888.88（输出右对齐，左边填空格）

表2.6   精度指示符示例程序

输出语句	输出结果
printf("%.5d\n", 888);	00888（数字前补0）
printf("%.0d\n", 888);	888
printf("%8.3f\n", 888.88);	␣888.880
printf("%8.1f\n", 888.88);	␣␣␣888.9
printf("%8.0f\n", 888.88);	␣␣␣␣␣889
printf("%.5s\n", "abcdefg");	abcde（截去超过的部分）
printf("%5s\n", "abcdefg");	abcdef（宽度不够，按实际宽度输出）

5）长度修正符：常用的长度修改符为 h 和 l 两种，h 表示输出项按短整型输出，l 表示输出项按长整型输出。l 和 h 只可与 d、o、x、u 格式字符结合使用。

【例2.3】   输出形式举例，整型数据输出。

```
main()
{ int a=11,b=22;
  int m=-1;  long n=123456789;
  printf("%d %d\n",a,b);
  printf("a=%d, b=%d\n",a,b);
  printf("m: %d, %o, %x, %u\n",m,m,m,m);
  printf("n=%d\n",n);
  printf("n=%ld\n",n);
}
```

输出结果如下：

```
1122
a=11, b=22
m: -1, 177777, ffff, 65535
n=-13035
n=123456789
```

【例2.4】   输出形式举例，实型数据输出。

```
main()
{ float x=1234.56,y=1.23456789;
  double z=1234567.123456789;
```

```
        printf("x=%f, y=%f \n",x,y);
        printf("z=%f\n",z);
        printf("z=%e\n",z);
        printf("z=%g\n",z);
        printf("z=%18.8f\n",z);
        printf("x=%10.3f\n",x);
        printf("x=%-10.3f\n",x);
        printf("x=%4.3f\n\n",x);
    }
```

输出结果如下：

```
    x=1234.560059, y=1.234568
    z=1234567.123457
    z=1.23457e+06
    z=1234570
    z=   1234567.12345679
    x=   1234.560
    x=1234.560
    x=1234.560
```

【例 2.5】 输出形式举例，字符型数据输出。

```
    main()
    { int m=97;
      char ch='B';
      printf("m:  %d   %c\n",m,m);
      printf("ch: %d   %c\n",ch,ch);
      printf("%s\n","student");
      printf("%10s\n","student");
      printf("%-10s\n","student");
      printf("%10.3s\n","student");
      printf("%.3s\n\n","student");
    }
```

输出结果如下：

```
    m:  97   a
    ch: 66   B
    student
         student
    student
             stu
    stu
```

2.3 scanf 函数

2.3.1 scanf 函数的一般形式

scanf 函数是一个标准输入函数，与 printf 函数一样，它的函数原型也包含在标准输入输出头文件 "stdio.h" 中。scanf 函数的一般形式为：

scanf（"格式控制字符串"，地址表列）；

其中，格式控制的使用与 printf 函数相同，但不能显示非格式字符串，即不能显示提示字符串，但允许非格式字符作为分隔符。地址表列中给出各变量的地址。地址由取地址运算符 "&" 后跟变量名组成。

【例 2.6】 用 scanf 函数输入数据。

```
main()
{
int a,b,c;
scanf("%d%d%d",&a,&b,&c);
printf("%d,%d,%d\n",a,b,c);
}
```

运行时按以下方式输入 a、b、c 的值：

```
3⊔4⊔5<Enter>        （输入 a,b,c 的值）
3,4,5               （输出 a,b,c 的值）
```

2.3.2 scanf 函数的格式说明

1. 格式说明

在 Turbo C 中 scanf 函数格式字符串一般形式为：

%[*][m][h/l]格式字符

其中有方括号[]的项为任选项。各项的意义如表 2.7 所示。

表 2.7 scanf 函数格式字符串中各符号的意思说明

开始符	赋值抑制符	输入数据宽度指示符	长度修正符	格式转换字符
%	*	m	h/l	格式字符

1）格式字符：表示输入数据的类型，其字符和含义如表 2.8 所示。

2）抑制字符 "*"：表示该输入项读入后不赋予相应的变量，即跳过该输入值。例如：

scanf("%d%*d%d",&x,&y);

输入 10⊔12⊔15 后，把 10 赋予变量 x，12 被跳过，15 赋予变量 y。

表 2.8　scanf 格式字符

格式字符	说明
d,i	输入有符号的十进制整数
u	输入无符号的十进制整数
o	输入无符号的八进制整数
x,X	输入无符号的十六进制整数（大小写作用相同）
c	输入单个字符
s	输入字符串，将字符串送到一个字符数组中，在输入时以非空白字符开始，以第一个空白字符结束。字符串以串结束标志'\0'作为其最后一个字符
f	输入实数，可以用以小数形式或指数形式输入
e,E,g,G	与 f 作用相同，e 与 f,g 可以互相替换

3）宽度指示符：用十进制整数指定输入数据的宽度。例如：

```
scanf("%5d",&x);
```

输入数据 "661020"，把前五位数 66102 赋予变量 x，其余部分被截去。又如，

```
scanf("%4d%4d",&x,&y);
```

输入数据 "661020"，把前四位数 6610 赋予变量 x，而把后剩下两位数 20 赋予变量 y。

4）长度修正符：长度修正符分为 l 和 h 两种，l 用于输入长整型数据；h 用于输入短整型数据。

2. 使用 scanf 函数注意事项

1）scanf 函数中的 "格式控制" 后面应当是变量地址，而不应是变量名。例如，如果 a,b 为整型变量，则

```
scanf("%d,%d",a,b);
```

是不对的，应将 "a,b" 改为 "&a,&b"。

2）scanf 函数没有计算功能，因此输入的数据只能是常量，而不能是表达式。

3）在输入多个整型数据或实型数据时，可以用一个或若干个空格、Enter 键或制表符（Tab）作为间隔。但在输入多个字符型数据时，数据之间分隔符认为是有效字符。例如：

```
scanf("%c%c%c",&c1,&c2,&c3);
```

如输入

```
a␣b␣c  <Enter>
```

则字符'a'赋予变量 c1，字符'␣'赋予变量 c2，字符'b'赋予变量 c3，因为%c 只要求读入一个字符，后面需要用空格作为两个字符的间隔，因此'␣'作为下一个字符赋予变量 c2。

4）输入格式中，除格式说明符之外的普通字符应原样输入。例如：

```
scanf("x=%d,y=%d,z=%d",&x,&y,&z);
```

应使用以下形式输入：

```
x=12,y=34,z=56   <Enter>
```

5）输入实型数据时，不能规定精度，即没有 "%m.n" 的输入格式。例如：

```
scanf("%7.2f",&f);
```

这种输入格式是不合法的，不能企图用这样的 scanf 函数并输入以下数据而使 f 的值为 12345.67。

```
1234567  <Enter>
```

6）在输入数据时，如果遇到以下情况，则认为是该数据输入结束：

① 遇到空格符、换行符或制表符（Tab）。例如：

```
scanf("%d%d%d%d",&i,&j,&k,&m);
```

如果输入：

```
1⌴2<Tab>3<Enter>4<Enter>
```

则 i、j、k、m 变量的值分别为 1、2、3、4。

② 遇到给定的宽度结束。例如：

```
scanf("%2d",&i);
```

如果输入：

```
1234567<Enter>
```

则 i 变量的值为 12。

③ 遇到非法字符输入，例如：

```
scanf("%d%c%f",&i,&c1,&f1);
```

如果输入：

```
123x23o.4567
```

系统自左向右扫描输入的信息。由于 x 字符不是十进制中的合法字符，因而第一个数 i 到此结束，即 i=123；第二个数 c1='x'；系统继续扫描后面的 o（英文字母 o，而非数字 0），它不是实数中的有效字符，因而第三个数到结束，即 f1=23.0。

2.4 其他输入/输出函数

2.4.1 putchar 函数

putchar()函数的功能是将一个字符输出到显示器上显示。putchar()函数也是一个标准的输入输出库函数，它的原型在"stdio.h"头文件中被定义，因此，使用时用户应该在程序的开始加以下编译预处理命令：

```
# include "stdio.h"
```

putchar()函数的一般调用形式：

```
putchar(c);
```

例如：

```
putchar('A');     （输出大写字母 A）
putchar(x);       （输出字符变量 x 的值）
putchar('\101');  （也是输出字符 A）
```

```
putchar('\n');    （换行）
```

即把变量 c 的值输出到显示器上，这里的 c 可以是字符型或整型变量，也可以是一个转义字符。对控制字符则执行控制功能，不在屏幕上显示。

【例 2.7】 putchar()函数应用举例。

```
# include "stdio.h"
main()
{ char a,b,c,d;
  a='g';
  b='o';
  c=111;
  d='d';
  putchar(a);
  putchar(b);
  putchar(c);
  putchar(d);
}
```

运行情况如下：

```
good
```

说明：1）putchar()函数只能用于单个字符的输出，并且一次只能输出一个字符；

2）putchar()函数在使用时，必须在程序的开头加上编译预处理命令# include "stdio.h"。

2.4.2 getchar 函数

getchar()函数的功能是从键盘输入一个字符，该函数没有参数。getchar()函数也是一个标准的输入输出库函数，它的原型在"stdio.h"头文件中被定义。因此，使用时用户应该在程序的开始加以下编译预处理命令。

```
# include "stdio.h"
```

getchar()函数的一般形式为：

```
c=getchar();
```

执行下面的调用时，变量 c 将得到用户从键盘输入的一个字符值，这里的 c 可以是字符型或整型变量。

【例 2.8】 getchar()函数应用举例。

```
# include "stdio.h"
main()
{
  char c;
  c=getchar();         /* 接收用户从键盘上输入的一个字符 */
  putchar(c);          /* 输出字符型变量 c 的值 */
}
```

运行结果如下：

```
h <Enter>
h
```

说明：1）getchar 函数只能接收单个字符，输入数字也按字符处理。输入多于一个字符时，只接收第一个字符。

2）使用本函数前必须包含文件"stdio.h"。

3）在 TC 屏幕下运行含本函数程序时，将退出 TC 屏幕进入用户屏幕等待用户输入。输入完毕再返回 TC 屏幕。

4）该程序可用下面两行的任意一行代替：

```
putchar(getchar());
printf("%c",getchar());
```

2.4.3 puts 函数

puts 函数的功能是将字符数组中存放的字符串输出到显示器上，该函数没有返回值。puts( )函数也是一个标准的输入输出库函数，它的原型在"stdio.h"头文件中被定义。因此，使用时用户应该在程序的开始处加以下编译预处理命令：

```
# include "stdio.h"
```

puts 函数的一般形式：

```
puts(str);        /*str 可以是字符数组名、指针变量名或者是字符串常量*/
```

例如，假设已经定义 str 是一个字符数组名，且该数组已被初始化为"china"。则执行

```
puts(str);
```

其结果是在显示器上输出 china。puts 函数输出的字符串中也可以包含转义字符，例如，

```
puts("china\nbeijing");
```

输出结果为：

```
china
beijing
```

2.4.4 gets 函数

gets 函数的功能是接收从键盘输入的一个字符串，存放在字符数组中。函数的返回值是字符数组的起始地址。gets()函数也是一个标准的输入输出库函数，它的原型在"stdio.h"头文件中被定义。因此，使用时用户应该在程序的开始加以下编译预处理命令：

```
# include "stdio.h"
```

gets 函数的一般形式：

```
gets(str);      /*str 可以是字符数组名或者是指针变量名*/
```

从键盘输入：

```
computer<Enter>
```

将输入的字符串"computer"送给字符数组 str，函数值为字符数组 str 的起始地址。一般利用 gets 函数的目的是向字符数据输入一个字符串，而不大关心其函数值。

 本章小结

C 语言中没有提供专门的输入输出语句，所有的输入输出都由调用标准库函数中的输入输出函数来实现。

1）scanf 函数、getchar 函数和 gets 函数是输入函数，接收来自标准输入设备的输入数据。scanf 函数是格式输入函数，可按指定的格式输入任意类型数据；getchar 函数是字符输入函数，只能接收单个字符；gets 函数是字符串输入函数，接受从键盘输入的一个字符串，存放在字符数组中。

2）printf 函数、putchar 函数和 puts 函数是输出函数，向标准输出设备输出数据。printf 函数是格式输出函数，可按指定的格式显示任意类型的数据；putchar 函数是字符显示函数，只能显示单个字符；puts 函数字符串输出函数，它是将字符数组中存放的字符串输出到显示器上。

 思考与练习

1. 定义变量如下：int x;float y;，则以下输入语句（   ）是正确的。
   A. scanf("%f%f",&x,&y);   B. scanf("%f%d",&x,&y);
   C. scanf("%f%d",&y,&x);   D. scanf("%5.2f%2d",&x,&y);

2. putchar 函数可以向终端输出一个（   ）。
   A. 字符或字符变量的值   B. 字符串
   C. 实型变量   D. 整型变量的值

3. 下列叙述正确的是（   ）。
   A. 赋值语句中的 "=" 是表示左边变量等于右边表达式
   B. 赋值语句中左边的变量值不一定等于右边表达式的值
   C. 赋值语句是由赋值表达式加上分号构成的
   D. x+=y;不是赋值语句

4. 指出下列语句的错误。
   （1）printf(%d%d/n,10,15);
   （2）printf("%s",'a');
   （3）printf("%c",'hello');
   （4）为变量 real 输入一个 double 类型的数据：scanf("%f",real);

5. 分析下列程序的运行结果。

（1）
```
main()
    {
        int x=12;
        printf("%d,%o,%x,%u, ",x,x,x,x);
    }
```

（2）
```c
main()
{
    int x=235;
    double y=3.1415926;
    printf("x=%-6d,y=%-14.5f\n",x,y);
}
```
（3）
```c
main()
{
    printf("%f,%4.2f\n",3.14,3.14159);
}
```
（4）
```c
main()
{
    printf("*\n**\n***\n****\n");
}
```
（5）
```c
main()
{
    printf("This\tis\ta\tC\tprogram.\n");
}
```
（6）
```c
main()
{
    char x='a',y='b';
    printf("%e\\%c\n",x,y);
    printf("x=\'%3x\',\'%-3x\'\n",x,x);
}
```

6. 当输入流为"56789␣0123␣45a72"时，执行下面的程序段

```c
int i,j;
float x,y;
char c;
scanf("%2d%f%d%f%c%d",&i,&x,&y,&c,&j);
```

后，变量 i,j,x,y,c 中内容各是什么？

7. 若 a=3，b=4，c=5，x=1.2，y=2.4，z=-3.6。想得到以下输出格式和结果，请写出程序（包括定义变量类型和设计输出）。

```
a=_3_ _b=_4_ _c=_5
x+y=_3.600_ _y+z=-1.20_ _z+x=-2.40
```

8. 用 scanf 函数输入数据，使 a=3，b=7，x=8.5，y=71.82，c1=A，c2=a，请写出相应的输入语句。

实训二 输入与输出语句的使用

一、实训目的

1）理解 C 语言程序的输入输出函数。
2）掌握常用的 C 语言语句，熟练应用赋值、输入、输出语句。
3）能使用"\n"等转义字符，对输出的结果进行控制。
4）掌握各种类型数据的输入输出方法，能正确使用各种格式转换符。
5）了解程序编写的步骤。

二．预习知识

1）scanf()、printf()、getchar()、putchar()函数的功能和格式。
2）顺序结构程序的基本结构及执行。

三、知识要点

1）scanf()和 printf()函数的基本格式。
2）各种格式转换符的使用。

四、实训内容与步骤

输入并运行例题中程序，熟悉 C 程序中各种格式控制符及输入输出函数语句的使用。

1. 验证实验

按格式要求输入、输出数据，掌握各种格式转换符的正确使用方法。

（1）输入程序：

```
main()
{
int a,b;
float d,e;
char c1,c2;
double f,g;
long m,n;
unsigned int p,q;
a=16; b=62;
c1='a'; c2='b';
d=3.56; e=-6.87;
f=3157.890121; g=0.123456789;
m=50000; n=-60000;
p=32768; q=40000;
printf("a=%d,b=%d\nc1=%c,c2=%c\nd=%6.2f,e=%6.2f\n",a,b,c1,c2,d,e);
printf("f=%15.6f,g=%15.12f\nm=%ld,n=%ld\mp=%u,q=%u\n",f,g,m,n,p,q);
```

}
（2）运行此程序并分析结果。

（3）在此基础上，修改程序的第8~13行：

```
a=61；b=62；
c1=a；c2=b；
f=3157.890121；g=0.123456789；
d=f；e=g；
p=a=m=50000；q=b=n=-60000；
```

运行程序，分析结果。

（4）改用scanf函数输入数据而不用赋值语句，scanf函数如下：

```
scanf("%d,%d,%c,%c,%f,%f,%lf,%lf%ld,%ld,%u,%u",&a,&b,&c1,&c2,&d,&e,
&m,&n,&p,&q);
```

输入的数据如下：

```
61,62,a,b,3.56,-6.87,3157.890121,0.123456789,50000,-60000,37678,
40000↙
```

（说明：lf和ld格式符分别用于输入double型和long型数据）分析运行结果。

（5）在（4）的基础上将printf语句改为：

```
printf("a=%d,b=%d\nc1=%c,c2=%c\nd=%15.6f,e=%15.12f\n",a,b,c1,c2,d,e);
printf("f=%f,g=%f\nml=%d,n=%d,np =%d,q=%d\n",f,g,m,n,p,q);
```

运行程序。

（6）将p、q改用%o格式符输出。

（7）将scanf函数中的%lf和%ld改为%f和%d,运行程序并观察分析结果。

2．编程序

（1）设圆半径=1.5，圆柱高=3，求圆周长、圆面积、圆球表面积、圆球体积、圆柱体积。用scanf输入数据，输出计算结果。输出时要有文字说明，取小数点后两位数字。

（2）用getchar函数读入两个字符给c1、c2，然后分别用putchar函数和scanf函数输出这两个字符。

上机运行程序，比较用printf和putchar函数输出字符的特点。

五、实训要求及总结

1．结合上课内容，对上述程序先阅读，然后上机并调试程序，并对实验结果写出你自己的分析结论。

2．整理上机步骤，总结经验和体会。

3．完成实验报告和上交程序。

C 语言的基本数据类型

知识目标

- C 语言的数据类型、常量与变量等相关概念。
- C 语言各基本数据类型在内存储器中的存储形式。
- C 语言各基本数据类型的常量表示方法以及变量定义方法。
- C 语言各基本数据类型变量的初始化以及各数据类型的运算转换。

技能目标

- 熟悉 C 语言中基本的数据类型，掌握常用数据类型的常量一般表现形式、变量的定义形式，理解变量名、变量的值与存储空间的关系及意义，学会在编程中根据需要选择数据类型。
- 理解字符数据参与运算的规则与方法，学会在编程中根据需要灵活应用，掌握大小写字母的互换与简单密码生成的编程。

本章将介绍 C 语言的数据。通过对本章的学习，你将了解 C 语言的基本数据类型，通过对各基本数据类型常量的了解，你将发现一个新的概念，这就是变量。没有变量，计算机会毫无用处。本章讨论的重点都将统一到变量的主题之下。变量是一个存储数据的地方，它是你的程序数据值在内存储器中的存储单元。一个变量一次只能容纳一个数据值，变量的数据值可以通过赋值或计算来获取。当你把变量存储到计算机内存储器中时，那个数据值会呆在那儿，随时准备你的调用直到程序结束、关掉计算机或者程序用另外一个数据值来代替该变量。

3.1 C语言数据概述

在第 1 章中，我们已经看到程序中使用的各种变量都应预先加以定义，即先定义，后使用。对变量的定义可以包括三个方面：

1）数据类型。

2）存储类型。

3）作用域。

在本章中，我们只介绍数据类型的说明，其他说明在以后各章中陆续介绍。所谓数据类型是按被定义变量的性质，表示形式，占据存储空间的多少，构造特点来划分的。在 C 语言中，数据类型可分为：基本数据类型，构造数据类型，指针类型，空类型四大类。

1. 基本数据类型

基本数据类型最主要的特点是，其值不可以再分解为其他类型。也就是说，基本数据类型是自我说明的，它包括整型、字符型、实型（浮点型）和枚举类型。

基本类型的数据又可分为常量和变量，它们可与数据类型结合起来分类，即为整型常量、整型变量、实型（浮点型）常量、实型（浮点型）变量、字符常量、字符变量、枚举常量、枚举变量。在本章中主要介绍基本数据类型（除枚举类型外），其他数据类型在后续章节中再详细介绍。

2. 构造数据类型

构造数据类型是根据已定义的一个或多个数据类型用构造的方法来定义的。也就是说，一个构造类型的值可以分解成若干个"成员"或"元素"。每个"成员"都是一个基本数据类型或又是一个构造类型。在 C 语言中，构造类型有以下几种：

1）数组类型。

2）结构体类型。

3）共用体（联合）类型。

3. 指针类型

指针是一种特殊的，同时又是具有重要作用的数据类型。其值用来表示某个变量在内存储器中的地址。虽然指针变量的取值类似于整型量，但这是两个类型完全不同的量，因此不能混为一谈。

4. 空类型

在调用函数值时，通常应向调用者返回一个函数值。这个返回的函数值是具有一定的数据类型的，应在函数定义及函数说明中给以说明。但也有一类函数，在调用后并不需要向调用者返回函数值，这种函数可以定义为"空类型"。其类型说明符为 void。同样，在定义指针变量时，我们也可以定义不指向某一具体数据类型的指针，这样的指针称为空指针，如：

```
void *p;
```

在此，我们先介绍基本数据类型中的整型、浮点型和字符型。其余类型在以后各章中陆续介绍。

3.2　常量与变量

对于基本数据类型量，按其取值是否可改变又分为常量和变量两种。在程序执行过程中，其值不发生改变的量称为常量，其值可变的量称为变量。在程序中，常量是可以不经说明而直接引用的，而变量则必须先定义后使用。

3.2.1　常量和符号常量

在程序执行过程中，其值不发生改变的量称为常量。常量分为：

1）直接常量(字面常量)：如整型常量：12、0、–3；实型常量：4.6、–1.23；字符常量：'a'、'b'。

2）符号常量：用标识符代表一个常量。在 C 语言中，可以用一个标识符来表示一个常量，称之为符号常量。

符号常量在使用之前必须先定义，其一般形式为：

```
#define 标识符 常量
```

其中#define 也是一条预处理命令（预处理命令都以"#"开头），称为宏定义命令（在后面预处理程序中将进一步介绍），其功能是把该标识符定义为其后的常量值。一经定义，以后在程序中所有出现该标识符的地方均代之以该常量值。

习惯上符号常量的标识符用大写字母，变量标识符用小写字母，以示区别。

【例 3.1】　计算面积。

```
#define PI 3.14
```

```
main()
{
    float aera;
    aera=10*10*PI;
    printf("aera=%f\n",aera);
}
```

程序中用#define 命令行定义 PI 代表圆周率常数 3.14，此后凡在文件中出现的 PI 都代表圆周率 3.14，可以和常量一样进行运算，程序运行结果为：

```
aera=314.000000
```

用标识符代表一个常量，称为符号常量。

符号常量与变量不同，它的值在其作用域内不能改变，也不能再被赋值。

使用符号常量的好处是：含义清楚；能做到"一改全改"。

3.2.2 变量

其值可以改变的量称为变量。一个变量应该有一个名字，在内存中占据一定的存储单元。变量定义必须放在变量使用之前，一般放在函数体的开头部分。要区分变量名和变量值是两个不同的概念，如图 3.1 所示。变量名在程序运行中不会改变，而变量值会变化，在不同时期取不同的值。

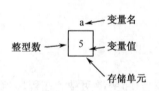

图 3.1 变量的四个基本要素示意图

变量的名字是一个标识符，它必须遵守标识符的命名规则。习惯上变量名用小写字母表示，以增加程序的可读性。必须注意的是大写字符和小写字符被认为是两个不同的字符，因此，sum 和 Sum 是两个不同的变量名，代表两个完全不同的变量。

在程序中，常量是可以不经说明而直接引用的，而变量则必须作强制定义（说明），即"先说明，后使用"，如例 1.2 和例 1.3 那样。这样做的目的有以下几点：

1）凡未被事先定义的，不作为变量名，这就能保证程序中变量名使用的正确。例如，如果在定义部分写了

```
int count;
```

而在程序中错写成 conut，如：

```
conut=5;
```

在编译时检查出 conut 未经定义，不作为变量名，因此输出"变量 conut 未经说明"的信息，便于用户发现错误，避免变量名使用时出错。

2）每一个变量被指定为某一确定的变量类型，在编译时就能为其分配相应的存储单元。如指定 a 和 b 为整型变量，则为 a 和 b 各分配两个字节，并按整数方式存储数据。

3）每一变量属于一个类型，就便于在编译时据此检查所进行的运算是否合法。

3.3　整　型　数　据

3.3.1　整型常量的表示方法

整型常量就是整常数。在 C 语言中，使用的整常数有八进制、十六进制和十进制三种。

1）十进制整常数：十进制整常数没有前缀。其数码为 0～9。

以下各数是合法的十进制整常数：

237　　　–568　　　65535　　　1627

以下各数不是合法的十进制整常数：

023（不能有前导 0）　　　23D（含有非十进制数码）

在程序中是根据前缀来区分各种进制数的，因此在书写常数时不要把前缀弄错，造成结果不正确。

2）八进制整常数：八进制整常数必须以 0 开头，即以 0 作为八进制数的前缀。数码取值为 0～7。八进制数通常是无符号数。

以下各数是合法的八进制数：

015（十进制为 13）　　　0101（十进制为 65）　　　0177777（十进制为 65535）

以下各数不是合法的八进制数：

256（无前缀 0）　　　03A2（包含了非八进制数码）　　　–0127（出现了负号）

3）十六进制整常数：十六进制整常数的前缀为 0X 或 0x。其数码取值为 0～9，A～F 或 a～f。

以下各数是合法的十六进制整常数：

0X2A（十进制为 42）　　　0XA0（十进制为 160）　　　0XFFFF（十进制为 65535）

以下各数不是合法的十六进制整常数：

5A（无前缀 0X）　　　0X3H（含有非十六进制数码）

4）整型常数的后缀：在 16 位字长的机器上，基本整型的长度也为 16 位，因此表示的数的范围也是有限定的。十进制无符号整常数的范围为 0～65535，有符号数为 –32768～+32767。八进制无符号数的表示范围为 0～0177777。十六进制无符号数的表示范围为 0X0～0XFFFF 或 0x0～0xffff。如果使用的数超过了上述范围，就必须用长整型数来表示。长整型数是用后缀 "L" 或 "1" 来表示的。

例如：

十进制长整常数：

158L（十进制为 158）　　　358000L（十进制为 358000）

八进制长整常数：

012L（十进制为 10）　　　077L（十进制为 63）　　　0200000L（十进制为 65536）

十六进制长整常数：

　　　0X15L（十进制为 21）　　　0XA5L（十进制为 165）　　　0X10000L（十进制为 65536）

　　长整数 158L 和基本整常数 158 在数值上并无区别。但对 158L，因为是长整型量，C 编译系统将为它分配 4 个字节存储空间。而对 158，因为是基本整型，只分配 2 个字节的存储空间。因此在运算和输出格式上要予以注意，避免出错。

　　无符号数也可用后缀表示，整型常数的无符号数的后缀为"U"或"u"。

　　例如：358u,0x38Au,235Lu 均为无符号数。

　　前缀、后缀可同时使用以表示各种类型的数。如 0XA5Lu 表示十六进制无符号长整数 A5，其十进制为 165。由此我们可以看出，整型常数的表示格式：

　　　　〔前缀〕数字〔后缀〕

3.3.2　整型变量

1. 整型数据在内存中的存放形式

如果定义了一个整型变量 i：

```
int i;
i=12;
```

i 为 12 时在机器中的存储形式为：

0	0	0	0	0	0	0	0	0	0	0	0	1	1	0	0

数值是以补码表示的。

正数的补码和原码相同。

负数的补码：将该数绝对值的二进制形式按位取反再加 1。

例如，求-12 的补码。

12 的原码为：

0	0	0	0	0	0	0	0	0	0	0	0	1	1	0	0

取反得：

1	1	1	1	1	1	1	1	1	1	1	1	0	0	1	1

再加 1，得-10 的补码：

1	1	1	1	1	1	1	1	1	1	1	1	0	1	0	0

由此可知，左面的第一位是表示符号的。

2. 整型变量的分类

1）基本型：类型说明符为 int，在内存中占 2 个字节。

2）短整型：类型说明符为 short int 或 short。所占字节和取值范围均与基本型相同。

3）长整型：类型说明符为 long int 或 long，在内存中占 4 个字节。

4）无符号型：类型说明符为 unsigned。

无符号型又可与上述三种类型匹配而构成：

① 无符号基本型：类型说明符为 unsigned int 或 unsigned。

② 无符号短整型：类型说明符为 unsigned short。

③ 无符号长整型：类型说明符为 unsigned long。

各种无符号类型量所占的内存空间字节数与相应的有符号类型量相同。但由于省去了符号位，故不能表示负数。

有符号整型变量：最大表示 32767，如下所示。

0	1	1	1	1	1	1	1	1	1	1	1	1	1	1	1

无符号整型变量：最大表示 65535，如下所示。

1	1	1	1	1	1	1	1	1	1	1	1	1	1	1	1

表 3.1 列出了 Turbo C 中各类整型量所分配的内存字节数及数的表示范围。

表 3.1　整型数的类型说明及取值范围

类型说明符	数的范围		字节数
int	−32768~32767	即−2^{15}~（2^{15}−1）	2
unsigned int	0~65535	即 0~（2^{16}−1）	2
short int	−32768~32767	即−2^{15}~（2^{15}−1）	2
unsigned short int	0~65535	即 0~（2^{16}−1）	2
long int	−2147483648~2147483647	即−2^{31}~（2^{31}−1）	4
unsigned long	0~4294967295	即 0~（2^{32}−1）	4

3. 整型变量的定义

变量定义的一般形式为：

　　　　类型说明符　变量名标识符，变量名标识符，…；

例如：

```
int a,b,c;          (a,b,c 为整型变量)
long x,y;           (x,y 为长整型变量)
unsigned p,q;       (p,q 为无符号整型变量)
```

在书写变量定义时，应注意以下几点：

1）允许在一个类型说明符后，定义多个相同类型的变量。各变量名之间用逗号间隔。类型说明符与变量名之间至少用一个空格间隔。

2）最后一个变量名之后必须以"；"结尾。

3）变量定义必须放在变量使用之前，一般放在函数体的开头部分。

【例 3.2】　整型变量的定义与使用。

```
main()
{
int a,b,c,d;
unsigned u;
a=12;b=-24;u=10;
c=a+u;d=b+u;
printf("a+u=%d,b+u=%d\n",c,d);
}
```

4. 整型数据的溢出

【例 3.3】   整型数据的溢出。

```
main()
{
  int a,b;
  a=32767;
  b=a+1;
  printf("%d,%d\n",a,b);
}
```

32767 为：

0	1	1	1	1	1	1	1	1	1	1	1	1	1	1	1

−32768 为：

1	0	0	0	0	0	0	0	0	0	0	0	0	0	0	0

【例 3.4】   各种数据类型参与的运算。

```
main(){
  long x,y;
  int a,b,c,d;
  x=5;
  y=6;
  a=7;
  b=8;
  c=x+a;
  d=y+b;
  printf("c=x+a=%d,d=y+b=%d\n",c,d);
}
```

从程序中可以看到：x、y 是长整型变量，a、b 是基本整型变量。它们之间允许进行运算，运算结果为长整型。但 c、d 被定义为基本整型，因此最后结果为基本整型。本例说明，不同类型的量可以参与运算并相互赋值。其中的类型转换是由编译系统自动完成的。有关类型转换的规则将在以后介绍。

3.4 实型数据

3.4.1 实型常量的表示方法

实型也称为浮点型。实型常量也称为实数或者浮点数。在 C 语言中，实数只采用十进制。它有二种形式：十进制小数形式，指数形式。

1）十进制数形式：由数码 0～9 和小数点组成。

例如：

      0.0　　25.0　　5.789　　0.13　　5.0　　300.　　−267.8230

等均为合法的实数。注意，必须有小数点。

2）指数形式：由十进制数，加阶码标志"e"或"E"以及阶码（只能为整数，可以带符号）组成。其一般形式为：

    尾数（a）E ± 阶码（n）　　（其中 a 为十进制数，n 为十进制整数）

如：

  2.1E5（等于 $2.1*10^5$）　　　　　　0.5E7（等于 $0.5*10^7$）

  3.7E−2（等于 $3.7*10^{-2}$）　　　　−2.8E−2（等于 $-2.8*10^{-2}$）

以下不是合法的实数：

  345（无小数点）

  E7（阶码标志 E 之前无数字）

  −5（无阶码标志）

  53.−E3（负号位置不对）

  2.7E（无阶码）

标准 C 允许浮点数使用后缀。后缀为"f"或"F"即表示该数为浮点数。如 356f 和 356.是等价的。

【例 3.5】　说明了这种情况。

```
main(){
  printf("%f\n ",356.);
  printf("%f\n ",356);
  printf("%f\n ",356f);
}
```

3.4.2　实型变量

1. 实型数据在内存中的存放形式

实型数据一般占 4 个字节（32 位）内存空间，按指数形式存储。实数 3.14159 在内存中的存放形式如图 3.2 所示。

+	.314159	1
数符	小数部分	指数

图 3.2　存放格式

小数部分占的位（bit）数愈多，该数的有效数字愈多，精度愈高。

指数部分占的位数愈多，则能表示的数值范围愈大。

2. 实型变量的分类

实型变量分为：单精度（float 型）、双精度（double 型）和长双精度（long double 型）三类。

在 Turbo C 中单精度型占 4 个字节（32 位）内存空间，其数值范围为 3.4E–38～3.4E+38，只能提供七位有效数字。双精度型占 8 个字节（64 位）内存空间，其数值范围为 1.7E–308～1.7E+308，可提供 16 位有效数字。实型数的类型及取值范围如表 3.2 所示。

表 3.2 实型数的类型说明及取值范围

类型说明符	比特数（字节数）	有效数字	数的范围
float	32(4)	6~7	$10^{-37} \sim 10^{38}$
double	64(8)	15~16	$10^{-307} \sim 10^{308}$
long double	128(16)	18~19	$10^{-4931} \sim 10^{4932}$

实型变量定义的格式和书写规则与整型相同。

例如：

```
float x,y;        (x,y为单精度实型量)
double a,b,c;     (a,b,c为双精度实型量)
```

3. 实型数据的舍入误差

由于实型变量是由有限的存储单元组成的，因此能提供的有效数字也是有限的。

【例 3.6】 实型数据的舍入误差。

```
main()
{
    float a,b;
    a=123456.789e5;
    b=a+20;
    printf("%f\n",a);
    printf("%f\n",b);
}
```

【例 3.7】 小数位数的确定。

```
main()
{
    float a;
    double b;
    a=33333.33333;
    b=33333.33333333333333;
    printf("%f\n%f\n",a,b);
}
```

从本例可以看出，由于 a 是单精度浮点型，有效位数只有七位。而整数已占五位，故小数二位后的数据均为无效数字。

b 是双精度型，有效位为十六位。但 Turbo C 规定小数后最多保留六位，其余部分四舍五入。

3.5　字符型数据

字符型数据包括字符常量和字符变量。

3.5.1　字符常量

字符常量是用单引号括起来的一个字符。
例如：

'a'　　'b'　　'='　　'+'　　'?'

都是合法字符常量。

在 C 语言中，字符常量有以下特点：

1）字符常量只能用单引号括起来，不能用双引号或其他括号。

2）字符常量只能是单个字符，不能是字符串。

3）字符可以是字符集中任意字符。但数字被定义为字符型之后就不能参与数值运算。如'5'和 5 是不同的。'5'是字符常量，不能参与运算。

3.5.2　转义字符

转义字符是一种特殊的字符常量。转义字符以反斜线"\"开头，后跟一个或几个字符。转义字符具有特定的含义，不同于字符原有的意义，故称"转义"字符。转义字符在第 2 章业已描述，具体内容请参见 2.2.2 节。

3.5.3　字符变量

字符变量用来存储字符常量，即单个字符。

字符变量的类型说明符是 char。字符变量类型定义的格式和书写规则都与整型变量相同。例如：

```
char a,b;
```

3.5.4　字符数据在内存中的存储形式及使用方法

每个字符变量被分配一个字节的内存空间，因此只能存放一个字符。字符值是以 ASCII 码的形式存放在变量的内存单元之中的。

如 x 的十进制 ASCII 码是 120，y 的十进制 ASCII 码是 121。对字符变量 a、b 赋予'x'和'y'值：

```
a='x';
b='y';
```

实际上是在 a、b 两个单元内存放 x 和 y 的 ASCII 的二进制代码：

a:

0	1	1	1	1	0	0	0

b:

0	1	1	1	1	0	0	1

所以也可以把它们看成是整型量。C 语言允许对整型变量赋以字符值，也允许对字符变量赋以整型值。在输出时，允许把字符变量按整型量输出，也允许把整型量按字符量输出。

整型量为二字节量，字符量为单字节量，当整型量按字符型量处理时，只有低八位字节参与处理。

【例 3.8】 向字符变量赋以整数。

```
main()
{
    char a,b;
    a=120;
    b=121;
    printf("%c,%c\n",a,b);
    printf("%d,%d\n",a,b);
}
```

运行结果如下：

```
x, y
120, 121
```

本程序中定义 a、b 为字符型，但在赋值语句中赋以整型值。从结果看，a、b 值的输出形式取决于 printf 函数格式串中的格式符，当格式符为"c"时，对应输出的变量值为字符，当格式符为"d"时，对应输出的变量值为整数。

【例 3.9】 转换字母大小写，并输出。

```
main()
{
    char a,b;
    a='a';
    b='b';
    a=a-32;
    b=b-32;
    printf("%c,%c\n%d,%d\n",a,b,a,b);
}
```

本例中，a、b 被说明为字符变量并赋予字符值，C 语言允许字符变量参与数值运算，即用字符的 ASCII 码参与运算。由于大小写字母的 ASCII 码相差 32，因此运算后把小写字母换成大写字母，然后分别以整型和字符型输出。

3.5.5 字符串常量

字符串常量是由一对双引号括起的字符序列。例如：" CHINA"，" C program"，

"$12.5" 等都是合法的字符串常量。

字符串常量和字符常量是不同的量。它们之间主要有以下区别：

1）字符常量由单引号括起来，字符串常量由双引号括起来。

2）字符常量只能是单个字符，字符串常量则可以含一个或多个字符。

3）可以把一个字符常量赋予一个字符变量，但不能把一个字符串常量赋予一个字符变量。在 C 语言中没有相应的字符串变量。这是与 Basic 语言不同的。但是可以用一个字符数组来存放一个字符串常量，将在数组一章内予以介绍。

4）字符常量占一个字节的内存空间。字符串常量占的内存字节数等于字符串中字节数加 1。增加的一个字节中存放字符"\0"（ASCII 码为 0），这是字符串结束的标志。

例如，字符串"C program"在内存中所占的字节为：

C		p	r	o	g	r	a	m	\0

字符常量'a'和字符串常量"a"虽然都只有一个字符，但在内存中的情况是不同的。

'a'在内存中占一个字节，可表示为：

a

"a"在内存中占二个字节，可表示为：

a	\0

3.6　变量赋初值

在程序中常常需要对变量赋初值，以便使用变量。语言程序中可有多种方法为变量提供初值。本小节先介绍在做变量定义的同时给变量赋以初值的方法，这种方法称为初始化。在变量定义中赋初值的一般形式为：

　　类型说明符 变量 1= 值 1，变量 2= 值 2，…；

例如：

```
int a=3;
int b,c=5;
float x=3.2,y=3f,z=0.75;
char ch1='K',ch2='P';
```

应注意，在定义中不允许连续赋值，如 a=b=c=5 是不合法的。

【例 3.10】　给变量赋值并打印结果。

```
main()
{
    int a=3,b,c=5;
    b=a+c;
    printf("a=%d,b=%d,c=%d\n",a,b,c);
}
```

3.7 各类数值型数据之间的混合运算

变量的数据类型是可以转换的。转换的方法有两种，一种是自动转换，一种是强制转换。自动转换发生在不同数据类型的量混合运算时，由编译系统自动完成。自动转换遵循以下规则：

1）若参与运算量的类型不同，则先转换成同一类型，然后进行运算。

2）转换按数据长度增加的方向进行，以保证精度不降低。如 int 型和 long 型运算时，先把 int 量转成 long 型后再进行运算。

3）所有的浮点运算都是以双精度进行的，即使仅含 float 单精度量运算的表达式，也要先转换成 double 型，再作运算。

4）char 型和 short 型参与运算时，必须先转换成 int 型。

5）在赋值运算中，赋值号两边量的数据类型不同时，赋值号右边量的类型将转换为左边量的类型。如果右边量的数据类型长度大于左边量的数据类型长度时，将丢失一部分数据，这样会降低精度，丢失的部分按四舍五入向前舍入。

1．自动转换的规则

【例 3.11】 四舍五入，输出结果为整型。

```
main()
{
    float PI=3.14159;
    int s,r=5;
    s=r*r*PI;
    printf("s=%d\n",s);
}
```

本例程序中，PI 为实型；s，r 为整型。在执行 s=r*r*PI 语句时，r 和 PI 都转换成 double 型计算，结果也为 double 型。但由于 s 为整型，故赋值结果仍为整型，舍去了小数部分，如图 3.3 所示。

图 3.3 各数据类型自动转换规则示意图

2．强制类型转换

强制类型转换是通过类型转换运算来实现的，其一般形式为：

(类型说明符) （表达式）

其功能是把表达式的运算结果强制转换成类型说明符所表示的类型。

例如：

```
(float) a        把 a 转换为实型
(int)(x+y)       把 x+y 的结果转换为整型
```

在使用强制转换时应注意以下问题：

1）类型说明符和表达式都必须加括号(单个变量可以不加括号)，如把(int)(x+y)写成 (int)x+y 则成了把 x 转换成 int 型之后再与 y 相加了。

2）无论是强制转换或是自动转换，都只是为了本次运算的需要而对变量的数据长度进行的临时性转换，而不改变数据说明时对该变量定义的类型。

【例 3.12】　强制转换。

```
main()
{   float f=5.75;
    printf("(int)f=%d,f=%f\n",(int)f,f);
}
```

本例表明，f 虽强制转为 int 型，但只在运算中起作用，是临时的，而 f 本身的类型并不改变。因此，(int)f 的值为 5(删去了小数)，而 f 的值仍为 5.75。

 本章小结

C 语言提供了丰富的数据类型，这些类型分别是：基本类型，构造类型，指针类型以及空类型。而基本类型又可划分为字符型、整型、实型等。每一类型都有各自的常量、变量。值不能改变的量称为常量，常量类型有整数、长整数、无符号数、浮点数、字符、字符串、符号常数、转义字符。对于整型常量可以有前缀和后缀等不同的表示方法，前缀 0 表示是八进制数，前缀 0x 或 0X 表示是十六进制数，而没前缀则表示该数值是十进制数，对于后缀 u 则表示该数为无符号的整形数，对于后缀 1 或 L 则表示该数是长整型数，而长整型数在内存储器中是占用 4 个字节的。而实型常量只可用 f 或 F 表示后缀。

值可以改变的量称为变量，变量是一个存储数据的地方，也就是数据值在内存储器中的存储单元。变量要遵循先定义，后使用的原则，不同数据类型有着各自不同的类型说明符，每一个不同的类型说明符还告诉了编程者其所定义的变量在内存储器中占用的字节数。不同的类型说明符、在内存储器中占用的字节数以及不同的取值范围，如表 3.3 所示。

表 3.3　基本类型的分类及特点

	类型说明符	字节	数值范围
字符型	char	1	C 字符集
基本整型	int	2	−32768～32767
短整型	short int	2	−32768～32767
长整型	long int	4	−214783648～214783647
无符号型	unsigned	2	0～65535
无符号长整型	unsigned long	4	0～4294967295
单精度实型	float	4	3/4E−38～3/4E+38
双精度实型	double	8	1/7E−308～1/7E+308

不同的数据类型在运行的过程中可以实现相互之间的转换，数据转换有以下两种方式：

　　1）自动转换：在不同类型数据的混合运算中，由系统自动实现转换，由少字节类型向多字节类型转换。不同类型的量相互赋值时也由系统自动进行转换，把赋值号右边的类型转换为左边的类型。

　　2）强制转换：由强制转换运算符完成转换。

 思考与练习

1. 以下选项中属于 C 语言的数据类型是（　　）。

　　A. 复数型　　　　　B. 逻辑型　　　　　C. 双精度型　　　　D. 集合

2. 在 C 语言中，不正确的 int 类型的常数是（　　）。

　　A. 32768　　　　　B. 0　　　　　　　C. 037　　　　　　D. 0xAF

3. 设有说明语句：char a= '\72'；则变量 a（　　）。

　　A. 包含 1 个字符　　B. 包含 2 个字符　　C. 包含 3 个字符　　D. 说明不合法

4. 以下所列的 C 语言常量中，错误的是（　　）。

　　A. 0xFF　　　　　　B. 1.2e0.5　　　　C. 2L　　　　　　　D. '\72'

5. 以下选项中合法的字符常量是（　　）。

　　A. "B"　　　　　　B. '\010'　　　　　C. -268　　　　　　D. D

6. 在 C 语言中，合法的长整型常数是（　　）。

　　A. 0L　　　　　　　B. 4962710　　　　C. 324562&　　　　D. 216D

7. 分析下列程序的运行结果：

（1）
```c
main()
{
    int a,b;
    a=32767;
    b=a+1;
    printf("\na=%d,a+1=%d\n",a,b);
    a=-32768;
    b=a-1;
    printf("\na=%d,a-1=%d\n",a,b);
    getch();
}
```

（2）
```c
main()
{
    char c1='a';
    char c2='\x61';/* note:'\x..','\...' */
    char c3='\141';
    char c4=97;
```

```
       char c5=0x61;  /* note: 0x..,0... */
       char c6=0141;
       printf("\nc1=%c,c2=%c,c3=%c,c4=%c,c5=%c,c6=%c\n",c1,c2,c3,c4,c5,c6);
       printf("c1=%d,c2=%d,c3=%d,c4=%d,c5=%d,c6=%d\n",c1,c2,c3,c4,c5,c6);
       getch();
   }
```

（3）
```
   main()
   {
       char c1,c2,c3;
       c1='a';
       c2='b';
       c1=c1-32;
       c2=c2-32;
       c3=130;
       printf("\n%c %c %c\n",c1,c2,c3);
       printf("%d %d %d\n",c1,c2,c3);
       getch();
   }
```

（4）
```
   main()
   {
       float f=5.75;
       printf("(int)f=%d\n",(int)f);  /* 将 f 的结果强制转换为整型，输出 */
       printf("f=%f\n",f);            /* 输出 f 的值 */
   }
```

8．思考并分析

（1）将一个负整数赋给一个无符号的变量，会得到什么结果。画出它们在内存中的表示形式。

（2）将一个大于 32767 的长整数赋给整型变量，会得到什么结果。画出它们的内存中的表示形式。

（3）将一个长整数赋给无符号变量，会得到什么结果（分别考虑该长整数的值大于或等于 65535 以及小于 65535 的情况）。画出它们在内存中的表示形式。读者可以改变程序中各变量的值，以便比较。例如：a=65580，b=−40000，e=65535，f=65580。

 实训三　数据类型的理解及使用

一、实训目的

1）掌握一个 C 语言源程序的完整结构。

2）熟悉 C 语言数据类型，掌握定义一个变量以及对变量赋值和初始化的方法。

3）进一步了解 C 程序的调试过程。

二、预习知识

1）一个 C 语言源程序的结构。

2）各种不同类型变量的定义方式。

3）赋值的相关知识。

三、知识要点

1）如何定义一个整型、字符型和实型的变量以及对它们的赋值方法。

2）不同类型数据之间赋值的规律。

四、实训内容与步骤

1. 验证实验

（1）输入并运行下面的程序

```
main()
{
    char c1,c2;
    c1='a';
    c2='b';
    printf("%c%c\n",c1,c2);
}
```

① 运行此程序。

② 在此基础上增加一个语句：

```
printf("%d %d\n",c1,c2);
```

再运行，并分析结果。

③ 将第 2 行改为：

```
int c1,c2;
```

再使之运行，并观察结果。

④ 再将第 3、4 行改为：

```
c1=a;        /*不用单撇号*/
c2=b;
```

现使之运行，分析其运行结果。

⑤ 再将第 3、4 行改为：

```
c1="a";      /*用双撇号*/
c2="b";
```

再使之运行，分析其运行结果。

⑥ 再将第 3、4 行改为：

```
c1=300;             /*用大于 255 的整数*/
c2=400;
```

再使之运行，分析其运行结果。

（2）输入并运行以下程序

```
main()
{
    char cl='a',c2='b',c3='c',c4='\101',c5=116'
    printf("a%c b%c\tc%c\tabc\n",cl,c2,c3);
    printf("\t\b%c%c",c4,c5);
}
```

在上机前先用人工分析程序，写出应得结果，上机后将二者对照。

（3）输入并运行下面的程序

```
main()
{
    int a,b;
    unsigned c,d;
    long e,f;
    a=100;
    b=-100;
    e=50000;
    f=32767;
    c=a;
    d=b;
    printf("%d,%d\n",a,b);
    printf("%u,%u\n",a,b);
    printf("%u,%u\n",c,d);
    c=a=e;
    d=b=f;
    printf("%d,%d\n",a,b);
    printf("%u,%u\n",c,d);
}
```

请对照程序和运行结果分析。

2．编程

要将"China"译成密码，密码规律是，用原来的字母后面第 4 个字母代替原来的字母。例如，字母"A"后面第 4 个字母是"E"，用"E"代替"A"。因此，"China"应译为"Glmre"。请编一程序，用赋初值的方法使 c1、c2、c3、c4、c5 五个变量的值分别为'C'、'h'、'i'、'n'、'a'，经过运算，使 c1、c2、c3、c4、c5 分别变为'G'、'l'、'm'、'r'、'e'，并输出。请编写程序并调试运行。

五．实训要求及总结

1．结合上课内容，对上述程序先阅读，然后上机并调试程序，并对实验结果写出你自己的分析结论。

2．整理上机步骤，总结经验和体会。

3．完成实验报告和上交程序。

运算符与表达式

知识目标

- C 语言运算符和表达式的概念。
- 掌握各种运算符的运算功能，操作数的类型以及运算符的优先级和结合性。
- C 程序如何对数据所进行操作，能正确运用 C 表达式完成各种计算功能。

技能目标

- 理解 C 语言中各运算符的优先顺序和结合方向，掌握赋值运算、算数运算、条件运算、逻辑运算及逗号运算等，明白表达式的含义及各运算符所对应表达式的形式及特征，达到正确书写 C 语言表达式的目的。
- 重点掌握变量的自加、自减的运算规则和方法，关系运算的值、逻辑运算的序列点，熟悉 C 语言中混合运算的顺序及方法，学会强制转换的方法及应用。
- 理解结构化程序的思想，掌握程序设计的第一种结构，即顺序结构。结合上机训练，使学生能够编写调试简单的 C 语言程序。

本章内容是编写 C 语言程序的重要基础。C 语言运算符丰富，范围很宽。本章以 C 语言运算符功能分类为基础，介绍 C 语言中的各类运算符及其构成表达式的规则，包括算术、赋值、自增和自减、关系、逻辑、逗号、强制转换、条件运算符的运算规则；各运算符的优先级别和结合性；以及由上述运算符所构成的表达式的求解过程。

4.1 基 本 概 念

1. 运算符

运算是对数据进行加工的过程，用来表示各种不同运算的符号称为运算符。

C 语言提供了相当丰富的一组运算符。C 语言运算符丰富，范围很宽，把除了控制语句和输入/输出以外的几乎所有的基本操作都作为运算符处理，所以 C 语言运算符可以看作是操作符，运算符执行对运算对象（也称为操作数）的各种操作。运算符可以按操作数的数目个数分类，可将其分为单目运算符（一个操作数）、双目运算符（两个操作数）和三目运算符（三个操作数）；可以按运算符的功能分类，将其分为算术运算符、关系运算符、逻辑运算符、自增及自减运算符、按位运算符、赋值运算符、条件运算符等。

以上所述运算符所执行的运算功能称为一般算术运算，此外还有[ ]表示数组下标的下标运算符、（）表示函数参数表的函数调用运算符、逗号","表示表达式求值顺序的逗号运算符以及用于类型强制转换的类型强制符和测定变量占用内存空间字节的运算符 sizeof。C 的运算符有以下几类，见表 4.1。

表 4.1　C 语言的运算符

优先级	运算符种类	运算符	操作数	结合性
1	括号（函数调用）、下标及分量运算符	（）、[ ]、->、.		从左至右
2	逻辑非运算符	!	单目运算	从右至左
	按位取反运算符	~		
	自增、自减运算符	++、- -		
	符号运算符	+、-		
	指针、取地址运算符	*、&		
	求字节数（长度）运算符	Sizeof		
	强制类型转转换运算符	(类型)		
3	算术乘、除、求余运算符	*、/、%	双目运算	从左至右
4	算术加、减运算符	+、-	双目运算	从左至右
5	按位左移、按位右移运算符	<<、>>	双目运算	从左至右
6	关系运算符	>、<、、>=、<=	双目运算	从左至右
7	关系等于、关系不等于运算符	==、!=	双目运算	从左至右
8	按位与运算符	&	双目运算	从左至右
9	按位异或运算符	^	双目运算	从左至右

续表

优先级	运算符种类	运算符	操作数	结合性
10	按位或运算符	|	双目运算	从左至右
11	逻辑与运算符	&&	双目运算	从左至右
12	逻辑或运算符	||	双目运算	从左至右
13	条件运算符	? :	三目运算	从右至左
14	赋值运算符	=及其扩展赋值运算符	双目运算	从右至左
15	逗号运算符	,		

2. 表达式

C 语言丰富的运算符构成其丰富的表达式（是运算符就可以构成表达式），这在高级语言中是少见的。正是丰富的运算符和表达式使 C 语言功能十分完善，这也是 C 语言的主要特点之一。

从本质上讲，表达式是对运算规则的描述并按规则执行运算。运算的结果是一个值，称为表达式值（结果）。结果的数据类型称为表达式的数据类型。也就是说，程序中任何一个表达式表示的是具有某个数据类型的一个值。

从严格的意义上讲，表达式是由常量、变量、函数和运算符组合起来的式子。一个表达式有一个值及其类型，它们等于计算表达式所得结果的值和类型。表达式求值按运算符的优先级和结合性规定的顺序进行。单个的常量、变量、函数可以看作是表达式的特例。

3. 运算符的优先级与结合性

为使表达式按一定的顺序求值，编译程序将所有的运算符分成若干组，按运算执行的先后顺序为每组规定一个等级，称为运算符的优先级。C 语言中，运算符的运算优先级共分为 15 级。1 级最高，15 级最低。在表达式中，优先级较高的先于优先级较低的进行运算。而在一个运算量两侧的运算符优先级相同时，则按运算符的结合性所规定的结合方向处理。

C 语言的运算符不仅具有不同的优先级，而且还有一个特点，就是它的结合性。所谓的结合性是指处于同一优先级的运算符的运算顺序。在表达式中，各运算量参与运算的先后顺序不仅要遵守运算符优先级别的规定，还要受运算符结合性的制约，C 语言中各运算符的结合性分为两种，即左结合性(自左至右)和右结合性(自右至左)。例如算术运算符的结合性是自左至右，即先左后右。如有表达式 x–y+z 则 y 应先与 "–" 号结合，执行 x–y 运算，然后再执行+z 的运算。这种自左至右的结合方向就称为 "左结合性"。而自右至左的结合方向称为 "右结合性"。最典型的右结合性运算符是赋值运算符。如 x=y=z，由于 "=" 的右结合性，应先执行 y=z 再执行 x=(y=z)运算。C 语言运算符中有不少为右结合性，应注意区别，以便确定是自左向右进行运算还是自右向左进行运算，以避免理解错误。这种结合性是其它高级语言的运算符所没有的，因此也增加了 C 语言的复杂性。

4.2 基本运算符和表达式

4.2.1 算术运算

1. 运算符

1）加法运算符"+"：加法运算符为双目运算符，即应有两个量参与加法运算。如 a+b，4+8 等，其具有右结合性。

2）减法运算符"−"：减法运算符为双目运算符。但"−"也可作负值运算符，此时为单目运算，如−x，−5 等，其具有左结合性。

3）乘法运算符"*"：双目运算符，具有左结合性。

4）除法运算符"/"：双目运算符，具有左结合性。参与运算量均为整型时，结果也为整型，舍去小数。如果运算量中有一个是实型，则结果为双精度实型。

```
1/2                      (整数除，结果为 0，类型为 int)
-9/6                     (整数除，结果为-1，类型为 int)
1.0/2 或 1/2.0 或 1.0/2.0   (实数除，结果为 0.5，类型为 double)
```

【例 4.1】 输入结果的数据类型。

```
main()
{
    printf("\n\n%d,%d\n",20/7,-20/7);
    printf("%f,%f\n",20.0/7,-20.0/7);
}
```

本例中，20/7，−20/7 的结果均为整型，小数全部舍去。而 20.0/7 和−20.0/7 由于有实数参与运算，因此结果也为实型。

5）求余运算符(模运算符)"％"：双目运算符，具有左结合性。要求参与运算的量均为整型。求余运算的结果等于两数相除后的余数。

【例 4.2】 求余运算。

```
main()
{
    printf("%d\n",100%3);        /*输出 100 除以 3 所得的余数 1*/
}
```

求余运算的操作数不能为实型数，例如，7.0％5 在编译的时候提示有语法错误。

求余运算符（％）与下面要介绍的关系运算符、逻辑运算符一起使用，可用于测试一个整数是否能被另一个整数整除，或判断一个整数是否为奇、偶数，或判断一个整数的个位是否为某个数字等。

2. 表达式形式

±操作数　或　操作数 op 操作数　　（op 为运算符）

以下是算术表达式的例子：

```
a+b
(a*2)/c
(x+r)*8-(a+b)/7
-i
sin(x)+sin(y)
(++i)-(j++)+(k--)
```

4.2.2　赋值运算

"赋值"就是把数据存入（或写入）变量对应的存储单元。赋值运算其功能是将右操作数的值存入左操作数对应的存储单元。

1. 简单赋值运算符和表达式

简单赋值运算符记为 "="。由 "=" 连接的式子称为赋值表达式。其一般形式为：

变量=表达式

例如：

```
x=a+b
w=sin(a)+sin(b)
y=i+++--j
```

赋值表达式的功能是计算表达式的值再赋予左边的变量。赋值运算符具有右结合性。因此

a=b=c=5

可理解为

a=(b=(c=5))

在其他高级语言中，赋值构成了一个语句，称为赋值语句。而在 C 语言中，把 "="定义为运算符，从而组成赋值表达式。凡是表达式可以出现的地方均可出现赋值表达式。

例如，式子：

x=(a=5)+(b=8)

是合法的。它的意义是把 5 赋予 a，8 赋予 b，再把 a、b 相加，和赋予 x，故 x 应等于 13。

在 C 语言中也可以组成赋值语句，按照 C 语言规定，任何表达式在其末尾加上分号就构成为语句。因此如

x=8;a=b=c=5;

都是赋值语句，在前面各例中我们已大量使用过了。

2. 复合的赋值运算符

在赋值符 "=" 之前加上其他二目运算符可构成复合赋值符。如

$$+= \quad -= \quad *= \quad /= \quad \%= \quad <<= \quad >>= \quad \&= \quad \hat{}= \quad |=$$

构成复合赋值表达式的一般形式为：

　　　　变量　双目运算符=表达式

它等效于

　　　　变量=变量　运算符　表达式

例如：

　　　　a+=5　　　等价于 a=a+5
　　　　x*=y+7　　等价于 x=x*(y+7)
　　　　r%=p　　　等价于 r=r%p

复合赋值符这种写法，对初学者可能不习惯，但十分有利于编译处理，能提高编译效率并产生质量较高的目标代码。

3. 赋值运算的类型转换

如果赋值运算符两边的数据类型不相同，系统将自动进行类型转换，即把赋值号右边的类型换成左边的类型。具体规定如下：

1）实型赋予整型，舍去小数部分。前面的例子已经说明了这种情况。

2）整型赋予实型，数值不变，但将以浮点形式存放，即增加小数部分（小数部分的值为0）。

3）字符型赋予整型，由于字符型为一个字节，而整型为两个字节，故将字符的 ASCII 码值放到整型量的低八位中，高八位为 0。整型赋予字符型，只把低八位赋予字符量。

【例 4.3】　打印几个赋值变量的结果。

```
main(){
  int a,b=322;
  float x,y=8.88;
  char c1='k',c2;
  a=y;
  x=b;
  a=c1;
  c2=b;
  printf("%d,%f,%d,%c",a,x,a,c2);
}
```

本例表明了上述赋值运算中类型转换的规则。a 为整型，赋予实型量 y 值 8.88 后只取整数 8。x 为实型，赋予整型量 b 值 322，后增加了小数部分。字符型量 c1 赋予 a 变为整型，整型量 b 赋予 c2 后取其低八位成为字符型（b 的低八位为 01000010，即十进制 66，按 ASCII 码对应于字符 B）。

4.2.3　强制类型转换运算

表达式的一般形式为：

　　　　(类型说明符) (表达式)

其功能是把表达式的运算结果强制转换成类型说明符所表示的类型。

例如：

```
(float) a          把 a 转换为实型
(int)(x+y)         把 x+y 的结果转换为整型
```

4.2.4 自增、自减运算

自增 1，自减 1 运算符：自增 1 运算符记为"++"，其功能是使变量的值自增 1。
自减 1 运算符记为"--"，其功能是使变量值自减 1。

自增自减表达式的一般形式为：

±±变量名 或 变量名±±

自增 1，自减 1 运算符均为单目运算，都具有右结合性。可有以下几种具体形式：

```
++i        i 自增 1 后再参与其它运算（先自增，再运算，称为前置运算）。
--i        i 自减 1 后再参与其它运算（先自减，再运算，称为前置运算）。
i++        i 参与运算后，i 的值再自增 1（先运算，再自增，称为后置运算）。
i--        i 参与运算后，i 的值再自减 1（先运算，再自减，称为后置运算）。
```

在理解和使用上容易出错的是 i++ 和 i--。特别是当它们出在较复杂的表达式或语句中时，常常难于弄清，因此应仔细分析。

【例 4.4】 自增、自减练习。

```
main(){
    int i=5;                /*设 i 的初值为 5*/
    printf("%d\n",++i);     /*i 先加 1 后再输出，故为 6*/
    printf("%d\n",--i);     /*i 先减 1 后再输出，故为 5*/
    printf("%d\n",i++);     /*先输出 i 的值 5，然后 i 再加 1，i 为 6*/
    printf("%d\n",i--);     /*先输出 i 的值 6，之后 i 再减 1，i 为 5*/
    printf("%d\n",-i++);    /*输出-5 之后，i 再加 1(i 为 6)*/
    printf("%d\n",-i--);    /*输出-6 之后，i 再减 1(i 为 5)*/
}
```

【例 4.5】 打印变量运算后的值。

```
main()
{
    int i=5,j=5,p,q;
    p=(i++)+(i++)+(i++);
    q=(++j)+(++j)+(++j);
    printf("%d,%d,%d,%d",p,q,i,j);
}
```

这个程序中，对 p=(i++)+(i++)+(i++)应理解为三个 i 相加，故 P 值为 15。然后 i 再自增 1 三次相当于加 3 故 i 的最后值为 8。而对于 q 的值则不然，q=(++j)+(++j)+(++j)应理解为 q 先自增 1，再参与运算，由于 q 自增 1 三次后值为 8，三个 8 相加的和为 24，j 的最后值仍为 8。

4.2.5 关系运算

在程序中经常需要比较两个量的大小关系,以决定程序下一步的工作。比较两个量的运算符称为关系运算符。关系运算符比较两个表达式并决定两者的关系,关系运算是逻辑运算中比较简单的一种,"关系运算"就是"比较运算"。即将两个值进行比较,判断是否符合或满足给定的条件。如果符合或满足给定的条件,则称关系运算的结果是真(非 0);如果不符合或不满足给定的条件,则称关系运算的结果是假(0)。表 4.2 中给出了 C 语言中的关系运算符。

关系运算表达式的一般形式为:

    操作数　　op　　操作数

表 4.2　关系运算符及其含义

操作符	用法	操作符	用法
>	大于	<=	小于或等于
>=	大于或等于	==	等于
<	小于	!=	不等于

使用关系运算符时要注意以下几点:

1)由两个字符组成的运算符之间不可加空格,如>=不能写成> =。

2)关系运算符中,>、>=、<、<= 四种运算符的优先级相同,==和!=两种运算符的优先级相同,且前四种运算符的优先级高于后两种。

3)关系运算符、算术运算符和赋值运算符之间的优先次序依次是:算术运算符级别最高,关系运算符次之、赋值运算符最低。关系运算符按照从左到右的顺序结合。

由关系运算符组成的表达式,称为关系表达式。关系运算符两边的运算对象可以是 C 语言中任意合法的表达式,例如:a>=b、(a=3)>(d=4)、a>b==c。

在 C 语言中,没有专门的"逻辑值",而是用零来代表"假",用非零来代表"真",因此,关系运算的结果是 1 或 0。

例如:设 a=4,b=2,则关系表达式 a>=b 命题成立,其结果为"真",表达式值=1。

关系表达式 2*5>1+6 的命题成立,其结果为"真",表达式值=1。

关系表达式 2+3= =1+4*2 的命题不成立,其结果为"假",表达式值=0。

4)关系运算符"= ="和赋值运算符"="很容易混淆,必须注意两者之间的区别。

① 赋值运算符"="。

赋值运算的一般形式为:

    <变量名>=<表达式>

赋值运算符的左面只能是一个变量名,用等号右面的表达式的值对其赋值。运算结果的数据类型取决于赋值号左面变量的数据类型,可以是整型、实型、字符型等。

如表达式 str='a'是一个赋值表达式,结果是字符型的。

② 关系运算符"= ="

关系运算 "==" 的一般形式为：

　　　<表达式 1>==<表达式 2>

关系运算 "==" 是在两个表达式之间进行的，左面的表达式可以是一个变量，也可以是一个常数或表达式。运算结果的数据类型只能为整型（0 或 1）。

如表达式 str=='a'是一个关系表达式，结果是 0 或 1。

关系运算往往作为条件出现在 if 语句的条件或循环判断条件之中，一般不单独使用。

4.2.6　逻辑运算

在 C 语言中，关系运算所能反映的是两个表达式之间的大小等于关系，逻辑运算是用 0 和 1 来判断事物状态相互关联的一种运算。判断的结果只有两个值，称这两个值为逻辑值。这两个值用数的符号表示就是 "1" 和 "0"。其中 "1" 表示该逻辑运算的结果是 "成立" 的，而一个逻辑运算式的结果为 "0"，那么这个逻辑运算式表达的结果就 "不成立"。逻辑值 0 和 1 不再像普通代数中那样具有数量的概念，而是用来表征对立双方的形式符号，无大小、正负之分。

C 语言提供了三种逻辑运算符，如表 4.3 所示。

表 4.3　逻辑运算符及其含义

运算符	含义	优先级
‖	逻辑或	低
&&	逻辑与	中
!	逻辑非	高

1）逻辑或：在逻辑问题的描述中，如果决定某一事件是否发生的多个条件中，只要有一个或一个以上条件成立，事件便可发生，则这种因果关系称之为逻辑 "或"。

2）逻辑与：在逻辑问题中，如果决定某一事件发生的多个条件必须同时具备，事件才能发生，则这种因果关系称之逻辑 "与"。

3）逻辑非：在逻辑问题中，如果某一事件的发生取决于条件的否定，即事件与事件发生的条件之间构成矛盾，则这种因果关系称为逻辑 "非"。

逻辑运算符是用于求条件式的逻辑值，用逻辑运算符将关系表达式或逻辑量连接起来的式子就是逻辑表达式。逻辑表达式的一般形式为：

　　　操作数　op　操作数　　或　! 操作数

在一个逻辑表达式中如果包含多个逻辑运算符，按优先级由高到低（!（非）→&&（与）→‖（或））进行运算。如：

　　　! a&&! b　　相当于　　　（! a）&&（! b）

　　　a‖b&&c　　相当于　　　a‖（b&&c）

【例 4.6】　有一个晚会，对参加晚会的人有一定的条件限制，教师可以参加，学生当中只有年龄达到 16 岁以上的男生才能参加。

设能够参加晚会为 D，教师为 A，男生为 B，16 岁以上为 C，可以用下式来描述：

　　　D = A ‖（B && C）

【例 4.7】　判断某年份（year）是否为闰年的条件是看此年份是否满足下述两个条件之一：

（1）能被 4 整除但不能被 100 整除。

（2）能被 400 整除。

由此得到作为判断某年份是闰年的逻辑表达式：

```
year%4==0&&year%100!=0||year%400==0
```

假设 year=1900，将 year 值代入此表达式，得到表达式的值=0，说明 1900 年不是闰年；假设 year=2000，将 year 值代入此表达式，得到表达式的值=1，说明 2000 年是闰年。

反之，可得到判断某年份不是闰年的逻辑表达式：

```
!（year%4==0&&year%100!=0||year%400==0）
```

【例 4.8】　计算机等级考试分笔试和上机考试两部分，可以通过以下逻辑表达式来判定某考生是否通过考试：

笔试>=60&&机试>=60，该考生通过考试。

笔试<=60 || 机试<=60，该考生未通过考试但可以参加补考。

笔试<=60&&机试<=60，该考生未通过考试且不能参加补考。

逻辑运算符与其他运算符之间的优先级顺序由高到低按以下规定：

逻辑非（!）→算术运算符→关系运算符→逻辑与（&&）→逻辑或（||）→赋值运算符→逗号运算符

4.2.7　逗号运算

C 语言提供一种特殊的运算符—逗号运算符（顺序求值运算符）。用它将两个或多个表达式连接起来，表示顺序求值（顺序处理）。用逗号连接起来的表达式称为逗号表达式。

例如：3+5,6+8。

逗号表达式的一般形式：

表达式 1,表达式 2,…,表达式 n

逗号表达式的求解过程是：自左向右，求解表达式 1,求解表达式 2,…,求解表达式 n。整个逗号表达式的值是表达式 n 的值。

例如：逗号表达式 3+5,6+8 的值为 14。对于形如：

```
a=3*5,a*4
```

其运算结果是表达式 a*4 的值为 60，而变量 a 的值为 15。这是因为"="运算符优先级高于","运算符（事实上,逗号运算符级别最低）。所以上面的表达式等价于：

```
(a=3*5),(a*4).
```

所以整个表达式计算后值为：60(其中 a=15)。

【例 4.9】　加入逗号运算的结果。

```
main()
{
  int x,a;
  x=(a=3,6*3);          /* a=3, x=18 */
  printf("%d,%d\n",a,x);
```

```
    x=a=3,6*a;              /* a=3, x=3 */
    printf("%d,%d\n",a,x);
}
```

逗号表达式主要用于将若干表达式"串联"起来，表示一个顺序的操作（计算），在许多情况下，使用逗号表达式的目的只是想分别得到各个表达式的值，而并非一定需要得到和使用整个逗号表达式的值。

4.2.8 条件运算

如果在条件语句中，只执行单个的赋值语句时，常可使用条件表达式来实现。不但使程序简洁，也提高了运行效率。

条件运算符为?和：，它是一个三目运算符，即有三个参与运算的量。

由条件运算符组成条件表达式的一般形式为：

    表达式1？ 表达式2： 表达式3

其求值规则为：如果表达式 1 的值为真，则以表达式 2 的值作为条件表达式的值，否则以表达式 3 的值作为整个条件表达式的值，如图 4.1 所示。

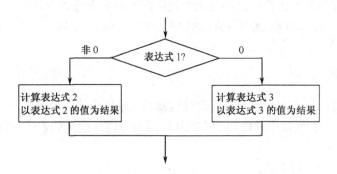

图 4.1 条件表达式流程图

条件表达式通常用于赋值语句之中。

例如条件表达式：

    max=(a>b)?a:b;

执行该语句的语义是：如 a>b 为真，则把 a 赋予 max，否则把 b 赋予 max。

使用条件表达式时，还应注意以下几点：

1）条件运算符的运算优先级低于关系运算符和算术运算符，但高于赋值符。因此

    max=(a>b)?a:b

可以去掉括号而写为

    max=a>b?a:b

2）条件运算符?和：是一对运算符，不能分开单独使用。

3）条件运算符的结合方向是自右至左。

例如：

    a>b?a:c>d?c:d

应理解为

```
a>b?a:(c>d?c:d)
```

这也就是条件表达式嵌套的情形，即其中的表达式 3 又是一个条件表达式。

【例 4.10】　求满足条件的值。

```
main()
{
    int a,b,max;
    printf("\n input two numbers:  ");
    scanf("%d%d",&a,&b);
    printf("max=%d",a>b?a:b);
}
```

 本章小结

  C 语言中有丰富的运算符，从功能上可分为算术、赋值、逻辑和关系等运算符；从运算符需要运算对象的数量上可分为单目运算符、双目运算符、三目运算符。运算符具有优先级和结合性。一般而言，单目运算符优先级较高，赋值运算符优先级较低。算术运算符优先级较高，关系和逻辑运算符优先级较低。大多数运算符具有左结合性，单目运算符、三目运算符、赋值运算符等具有右结合性。

  关系运算符包括>、<、>=、<=、= =、! =，其用来比较两个表达式并决定两者的关系，运算的结果是假（0）或真（非 0）。

  逻辑运算符包括&&、||、!，用其将关系表达式或逻辑量连接起来构成逻辑表达式。逻辑运算的结果也是假（0）或真（非 0）。

  关系表达式和逻辑表达式往往作为条件出现在 if 语句的条件或循环判断条件之中，一般不单独使用。

  各类运算符之间按照规定的优先级顺序由高到低进行运算。

 思考与练习

  1. 已知各变量的类型定义如下：

```
int i=8,k,a,b;
unsigned long w=5;
double x=1.42,y=5.2;
```

则以下两组表达式中不符合 C 语言语法的表达式分别是：

  （1）A. k=i++   B. (int)x+0.4 C. y+=x++   D. a=2*a=3

  （2）A. x%(-3)   B. w+=-2   C. k=(a=2,b=3,a+b) D. a+=a-=(b=4)*(a=3)

  2. 计算下列表达式的值。

  （1）设 x=2，5，a=5，y=4.7，计算表达式 x+a%3*(x+y)%2/4 的值。

  （2）设 a=4，计算表达式 a=1，a+5，a++的值。

（3）设 a=2，b=3，x=3.5，y=2.5，计算表达式(a+b)/2+x%y 的值。

（4）设 x=4，y=8，计算表达式 y=(x++)*(--y)的值。

（5）设 x=1，y=2，计算表达式 1.0+x/y 的值。

3. a 的初值为 2，b 的初值为 3，c 的初值为 4，求下列表达式的值：

（1）a= =3   （2）a=3

（3）a&&b   （4）a||b+c&&b-c

（5） !（(a<b) &&!c||1)   （6）a<b? a：c<b? c：a

4. 写出下面表达式运算后 a 的值，设原来 a=12，且 a 和 n 已定义为整型变量。

（1）a+=a   （2）a-=2

（3）a*=2+3   （4）a/=a+a

（5）a%=(n%=2),n 的值等于 5   （6）a+=a-=a*=a

5. 能正确表示 a 和 b 同时为正或同时为负的逻辑表达式是（   ）。

A. (a>0||b>0) &&(a<0||b<0)   B. a>0&&b>0

C. a+b>0   D. a*b>0

6. 设 int x=1，y=1；表达式(!x||y--)的值是（   ）。

A. 0   B. 1   C. 2   D. -1

7. 将下列代数式写成 C 语言表达式。

A. πr^2 B. $\dfrac{1}{2}gt^2 + v_0 t + s_0$

C. $\dfrac{-b+\sqrt{b^2-4ac}}{2a}$ D. $\left(\dfrac{5}{9}\right)(F-32)$

8. 写一个表达式，如果变量 c 是大写字母，则将 c 转换成对应的小写字母，否则，c 的值不变。

 ## 实训四　运算符与表达式

一、实训目的

1）掌握对运算符和表达式的正确使用。

2）掌握不同类型数据之间的赋值规律。

3）掌握关系、逻辑运算符及其表达式的正确使用。

4）了解强制数据类型转换以及运算符的优先级、结合性。

5）学会根据表达式，编写相应程序，验证表达式结果的方法。

二、预习知识

1）各种运算的运算符及其优先级和结合方式。

2）各种基本运算符和表达式的相关知识。

3）各种数值型数据间的混合运算。

三、知识要点

1）C 语言基本类型的类型名、类型的长度以及值的范围，运算符的优先级和结合性。

2）各种运算符的运算功能、操作数的类型、运算结果的类型及运算过程中的类型转换。

3）各种运算符和表达式的正确使用。

四、实训内容与步骤

1. 验证实验

（1）分析下列程序，写出运行结果，再输入计算机运行，将得到的结果与你分析得到的结果比较对照。

```
main()
{
    int i,j,m,n ;
    i=8; j=10;
    m=++i; n=j++;
    printf("%d,%d,%d,%d",i,j,m,n);
}
```

分别做以下改动之后，先分析再运行：

① 将第四行改为：m=i++; n= ++ j;

② 程序改为：

```
main()
{
    int i,j ;
    i=8; j=10;
    printf("%d,%d", i++, j++);
}
```

③ 在②的基础上，将 printf 语句改为：

```
printf("%d,%d", ++ i, ++ j );
```

④ 再将 printf 语句改为：

```
printf("%d,%d,%d,%d", i, j, i++, j++);
```

⑤ 程序改为：

```
main()
{
    int i,j,m=0,n=0 ;
    i=8; j=10;
    m+= i ++; n -= --j;
    printf("i=%d,j=%d,m=%d,n=%d",i,j,m,n);
}
```

（2）分析下面程序结果，并上机验证。

```
main()
```

```
    {
        int i,j,m,n;
        i=8;  j=10;
        m=++i;
        n=j++;
        printf("i=%d, j=%d, m=%d, i=%d\n",i,j,m,n);
    }
```

① 运行程序，注意 i、j、m、n 各变量的值。

分别做以下改动并运行：

② 将第 4、5 行改为：

```
    m=i++;
    n=++j;
```

③ 将程序改为：

```
    main()
    {
        int i,j;
        i=8;
        j=10;
        printf("%d,%d",i++,j++);
    }
```

④ 在③的基础上，将 printf 语句改为：

```
    printf("%d,%d",++i,++j);
```

⑤ 再将 printf 语句改为：

```
    printf("%d,%d,%d,%d",i,j,i++,j++);
```

⑥ 将程序改为

```
    main()
    {
        int i,m=0,n=0;
        i=8;
        j=10;
        m += i++; n -= --j;
        printf("i=%d,j=%d,m=%d,n=%d",i,j,m,n);
    }
```

2. 分析实验

将 k 分别设置为 127,-128,128,-129，分析下面程序结果，并上机验证。

```
    main()
    {
        float a=3.7,b;
        int i,j=5;
        int k=127;  /* 用 127,-128,128,-129 分别测试 */
        unsigned U;
```

```
    long L;
    char C;
    i=a;  printf("%d\n",i);   /* 浮点赋值给整型 */
    b=j;  printf("%f\n",b);   /* 整型赋值给浮点*/
    U=k;  printf("%d,%u\n",U,U);   /* 相同长度类型之间赋值 */
    L=k;  printf("%ld\n",L);   /* 整型赋值给长整型，短的类型赋值给长的类型 */
    C=k;  printf("%d\n",C);   /* 整型赋值给字符型，长的类型赋值给短的类型 */
}
```

分析的表达式结果，填在表中。

结果行	输出值	k=127	k=128	k=-128	k=-129
1	i				
2	b				
3	U				
4	L				
5	C				

3．编程序

（1）已知：a=2，b=3，x=3.9，y=2.3（a,b 为整型，x,y 为浮点型），计算算术表达式 (float)(a+b)/2+(int)x％(int)y 的值。试编程上机验证。

（2）已知：a=7，x=2.5，y=4.7（a 为整型，x,y 为浮点型），计算算术表达式 x+a％3*(int)(x+y)％2/4 的值。试编程上机验证。

（3）已知：a=12，n=5（a，n 为整型），计算下面表达式运算后 a 的值。试编程上机验证。

①a+=a ②a-=2 ③a*=2+3 ④a/=a+a ⑤a％=(n％=2) ⑥a+=a-=a*=a
分析的表达式结果：（1）   （2）   （3）   （4）   （5）   （6）

五、实训要求及总结

1．结合上课内容，对上述程序先阅读，然后上机并调试程序，并对实验结果写出你自己的分析结论。

2．整理上机步骤，总结经验和体会。

3．完成实验报告和上交程序。

第5章

语句及条件控制

知识目标

- C语言语句的种类及语句构成。
- C语言条件控制语句的各种表现形式、执行过程及使用方法。
- C语言多分支控制语句 switch 表现形态及使用方法。

技能目标

- 学会运用关系表达式和逻辑表达式书写正确的条件语句，掌握 if 单分支语句、if-else 双分支语句、else-if 多分支语句、多条件控制（多分支）switch 语句的作用及其流程控制。
- 理解 if-else 嵌套中 else 与 if 匹配的问题，掌握 break 语句在 switch 语句中的作用及应用，熟悉利用 if 语言编程和利用 switch 语句编程的联系与区别，学会对于普通的程序，可以用两种方法来完成。
- 理解结构化程序的思想，掌握程序设计的第二种结构，即选择结构。结合上机训练，使学生能够编写调试 C 语言选择结构的程序。

　　本章通过对 C 语句的介绍，引入结构化程序设计的概念。而选择结构是 C 语言程序中的一种重要结构形式。我们知道，不是所有的 C 运算符都是用来处理数学问题的，计算机更重要的功能是它能够进行数据检索。通过数据检索并根据比较结果，程序可以选择几条逻辑路径中的一条去执行。

　　这种程序结构通过条件判断的方法有选择性地执行部分程序语句，大大提高了程序的灵活性，并强化了程序的功能。

5.1　C 语句介绍

　　从程序流程的角度来看，程序可以分为三种基本结构，即顺序结构、分支结构、循环结构。这三种基本结构可以组成所有的各种复杂程序。C 语言提供了多种语句来实现这些程序结构。本章将介绍这些基本语句及其应用，使读者对 C 语言程序有一个初步的认识，为以后的学习打下基础。

　　C 语言的语句用来向计算机系统发出操作指令，一个语句经过编译后产生若干条机器指令。实际程序包含若干条语句，语句都是用来完成一定操作任务的。函数包含声明部分和执行部分，声明部分的内容不应当称为语句。C 程序的执行部分是由语句组成的，程序的功能也是由执行语句实现的。

　　C 语言的语句可分为以下五类：

　　1）表达式语句：表达式语句由表达式加上分号"；"组成。其一般形式为：

　　　　表达式；

执行表达式语句就是计算表达式的值。

　　例如：

```
x=y+z;    赋值语句；
y+z;      加法运算语句，但计算结果不能保留，无实际意义；
i++;      自增 1 语句，i 值增 1。
```

　　2）函数调用语句：由函数名、实际参数加上分号"；"组成。其一般形式为：

　　　　函数名(实际参数表)；

执行函数语句就是调用函数体并把实际参数赋予函数定义中的形式参数，然后执行被调函数体中的语句，求取函数值（在后面函数中再详细介绍）。

　　例如：

```
printf("C Program"); /*调用库函数，输出字符串。*/
```

　　3）控制语句：控制语句用于控制程序的流程，以实现程序的各种结构方式。它们由特定的语句定义符组成。C 语言有九种控制语句。可分成以下三类：

　　① 条件判断语句：if 语句、switch 语句。

　　② 循环执行语句：do-while 语句、while 语句、for 语句。

　　③ 转向语句：break 语句、goto 语句、continue 语句、return 语句。

　　4）复合语句：把多个语句用括号{}括起来组成的一个语句称复合语句。

在程序中应把复合语句看成是单条语句，而不是多条语句。

例如：

```
{ x=y+z;
a=b+c;
printf("%d%d", x, a);
}
```

是一条复合语句。

复合语句内的各条语句都必须以分号";"结尾，在括号"}"外不能加分号。

5）空语句：只有分号";"组成的语句称为空语句。空语句是什么也不执行的语句。在程序中空语句可用来作空循环体。

例如

```
while(getchar()!='\n')
;
```

本语句的功能是，只要从键盘输入的字符不是回车则重新输入。

这里的循环体为空语句。

5.2 赋 值 语 句

赋值语句是由赋值表达式再加上分号构成的表达式语句。其一般形式为：

变量=表达式；

赋值语句的功能和特点都与赋值表达式相同，它是程序中使用最多的语句之一。

在赋值语句的使用中需要注意以下几点：

1）由于在赋值符"="右边的表达式也可以又是一个赋值表达式，因此，下述形式

变量=(变量=表达式)；

是成立的，从而形成嵌套的情形。

其展开之后的一般形式为：

变量=变量=…=表达式；

2）复合赋值表达式：变量　双目运算符=表达式

它等效于

变量=变量 运算符 表达式；

3）注意在变量说明中给变量赋初值和赋值语句的区别。

给变量赋初值是变量说明的一部分，赋初值后的变量与其后的其他同类变量之间仍必须用逗号间隔，而赋值语句则必须用分号结尾。

例如：

```
int a=5, b, c;
```

4）在变量说明中，不允许连续给多个变量赋初值。

如下述说明是错误的：

```
int a=b=c=5
```
必须写为
```
int a=5, b=5, c=5；
```
而赋值语句允许连续赋值。

5）注意赋值表达式和赋值语句的区别。

赋值表达式是一种表达式，它可以出现在任何允许表达式出现的地方，而赋值语句则不能。

下述语句是合法的：
```
if((x=y+5)>0) z=x；
```
语句的功能是，若表达式 x=y+5 大于 0 则 z=x。

下述语句是非法的：
```
if((x=y+5; )>0) z=x；
```
因为 x=y+5；是语句，不能出现在表达式中。

5.3　选择控制语句

选择结构是三种基本结构（顺序、选择、循环）之一。其作用是根据所指定的条件是否满足，决定从给定的操作中选择其中的一种。

C 语言中的选择结构是用 if 语句实现的。if 语句的常用的形式是：
```
if(关系/逻辑表达式) 语句 1
else 语句 2
```

1．基本形式选择控制语句：if

if 语句一般形式为：
```
if(表达式) 语句
```
其语义是：如果表达式的值为真，则执行其后的语句，否则不执行该语句。

有时我们会根据某个条件是否成立来决定做不做某件事。比如出门时，根据天下不下雨，来决定要不要带伞，即

　　如果（下雨）

　　带伞；

这就可以用一个最简单的 if 语句来表示。

括号中的表达式可以是任何形式的，但它通常情况下包含一个关系表达式，如果它的结果为真，则执行语句，否则就跳过去不执行。该语句的执行过程如图 5.1 所示。

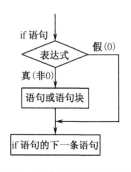

图 5.1　简单 if 选择控制流程

【例 5.1】　输入两个任意的整数，输出其中较大的那个数。

```
main(){
    int a, b, max;
    printf("\n input two numbers: ");
    scanf("%d%d", &a, &b);
    max=a;                    /*假定第一个数为较大的数*/
    if (max<b) max=b;         /*如果 max 小于第二个数，则第二个数为大数*/
    printf("max=%d", max);
}
```

C 语言中，用括号括起来的语句块与一个单语句等价，因此如果表达式的值为真时可以执行多个语句。

```
if（表达式）
{   语句 1;
    语句 2;
    语句 3;
}
```

对于上一程序，如果想使得让较大的那个数始终存放在变量 a 中，程序可改写为：

```
main(){
    int a, b, t;
    printf("\n input two numbers:    ");
    scanf("%d%d", &a, &b);
    if (a<b)
    {t=a; a=b; b=t; }
    printf("max=%d", max);
}
```

2. 标准形式的选择控制语句：if-else

if-else 语句一般形式为：

```
if（表达式）
语句 1;
else
语句 2;
```

其语义是：如果表达式的值为真，则执行语句 1，否则执行语句 2。其执行过程如图 5.2 所示。

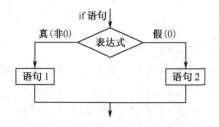

图 5.2   标准 if 选择控制流程

【例 5.2】 在学生分数高于或等于 60 分时显示 Passed，否则显示 Failed。

程序如下：

```
if (grade>=60)
    printf("Passed\n");
else
    printf("Failed\n");
```

【例 5.3】 某商品的零售价为每千克 8.5 元，批发价为每千克 6.5 元，购买量在 10 千克以上，便可按批发价计算，设某顾客购买此商品 weight 千克，请编程计算该顾客需付费（pay）多少？

程序如下：

```
main()
{
    float weight, pay;
    printf ("Please input the weight: ");
    scanf ("%f", &weight);
    if (weight>=10)
        pay=weight*6.5;
    else
    pay=weight*8.5;
    printf("You should pay  %f  yuans\n", pay);
}
```

C 语言提供的条件运算符，可以简化上面的语句。

若用条件运算符表示，则例 5.3 的程序可表示如下：

```
main()
{
float weight, pay;
printf("Please input the weight:");
scanf("%f", &weight);
    pay= weight>=10? weight*6.5: weight*8.5;
printf("You should pay  %f  yuans\n", pay);
}
```

由此可见，使用条件表达式可以简化程序。

3. 嵌套形式的选择控制语句

前两种形式的 if 语句一般都用于两个分支的情况。当有多个分支选择时，可采用 **if-else-if** 语句，其一般形式为：

```
if(表达式1)
        语句1;
    else  if(表达式2)
        语句2;
    else  if(表达式3)
```

```
       语句 3;
          ⋮
else  if(表达式 n)
    语句 n;
else
    语句 n+1;
```

其语义是：依次判断表达式的值，当出现某个值为真时，则执行其对应的语句。然后跳到整个 if 语句之外继续执行程序。如果所有的表达式均为假，则执行语句 n+1。然后继续执行后续程序。if-else-if 语句的执行过程如图 5.3 所示。

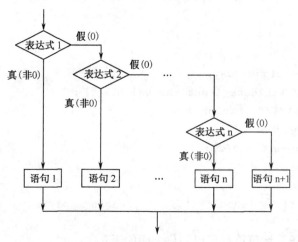

图 5.3　嵌套 if 选择控制流程图

【例 5.4】　从键盘上输入一个任意的字符，判断该字符是否为控制字符、数字字符、大写字母、小写字母还是其他字符。

```c
#include"stdio.h"
main(){
    char c;
    printf("input a character:    ");
    c=getchar();
    if(c<32)
      printf("This is a control character\n");
    else  if(c>='0'&&c<='9')
      printf("This is a digit\n");
    else  if(c>='A'&&c<='Z')
      printf("This is a capital letter\n");
    else  if(c>='a'&&c<='z')
      printf("This is a small letter\n");
    else
      printf("This is an other character\n");
}
```

本例要求判别键盘输入字符的类别，可以根据输入字符的 ASCII 码来判别类型。由 ASCII 码表可知 ASCII 值小于 32 的为控制字符，在 "0" 和 "9" 之间的为数字，在 "A" 和 "Z" 之间为大写字母，在 "a" 和 "z" 之间为小写字母，其余则为其他字符。这是一个多分支结构的选择控制。

if 和 else 子句中，可以是任意合法的 C 语句或语句块，如果这子句是个 if 语句，则构成了 if 语句的嵌套。内嵌的 if 语句可以嵌套在 if 子句中，也可以嵌套在 else 子句中。

嵌套的 if 语句还有几种形式，如图 5.4 所示。

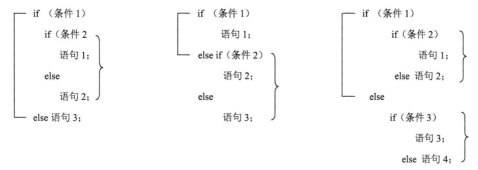

图 5.4 if 语句的其他形式

一般说来，嵌套的 if 语句可以对多种情况进行测试。

【例 5.5】 根据输入的百分制成绩（score），要求输出成绩等级（grade）A、B、C、D、E。90 分以上为 A，80～89 分为 B，70～79 分为 C，60～69 分为 D，60 分以下为 E。用 if 语句实现，程序如下：

```
main()
{
int score;
char grade;
printf("\n Please  input  a  score(0~100):");
scanf("%d", &score);
 if (score>=90)
   grade='A';
else if (score>=80)
     grade='B';
else if (score>=70)
     grade='C';
   else if (score>=60)
           grade='D';
else
   grade='E';
printf ("The grade is %c.\n", grade);
}
```

程序的运行情况如下：

```
Please input  a  score(0~100):
86
The grade is B.
```

5.4　switch 语句

5.4.1　switch 语句的一般格式

对于复杂的 if 语句，如果嵌套过多就会使程序结构复杂。许多语言都有另一种可选语句，在 C 语言中，它称为 switch 语句。

if 语句只对一个值进行检验，而 switch 语句根据不同值产生不同分支。switch 语句的一般形式为：

```
switch(表达式)
{  case 值1:语句1;
          [break;]
   case 值2:语句2;
          [break;]
       :
   case 值N:语句N;
          [break;]
[default:  语句 N+1;]
   }
```

其语义是：计算表达式的值，并逐个与其后的常量表达式值相比较。当表达式的值与某个常量表达式的值相等时，即执行其后的语句，然后不再进行判断，继续执行后面所有 case 后的语句。如表达式的值与所有 case 后的常量表达式均不相同时，则执行 default 后的语句。其中的表达式的数据类型只能为整型或字符型，语句可以是任何有效的语句或语句块。

5.4.2　switch 语句的执行过程

执行 switch 语句时，首先计算 switch 后表达式的值，然后在 switch 语句中寻找与该表达式的值相匹配的 case 值，如果找到，则执行该 case 后的各语句，直至遇到一个 break 语句为止；如果找不到匹配的 case 值，则执行 switch 的默认语句（default），直到 switch 语句体结束。如果找不到匹配的 case 值且不存在默认语句（default），则跳过 switch 语句体，什么也不做。switch 语句的执行过程如图 5.5 所示。

【例 5.6】　用 switch 语句来实现例 5.5，程序如下。

```
main()
{
int  score, m;
```

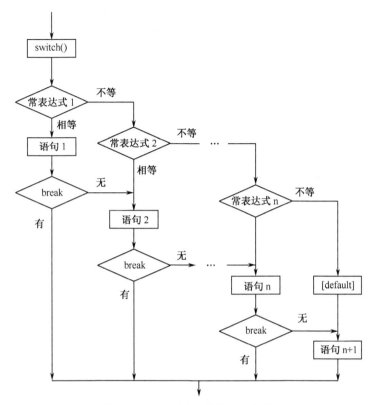

图 5.5 switch 语句的执行流程图

```
printf ("\nPlease input a score(0~100):\n");
scanf ("%d", &score);
m=score/10;
switch(m)
{
    case 10:
    case 9: printf ("\nThe grade is A."); break;
    case 8: printf ("\nThe grade is B."); break;
    case 7: printf ("\nThe grade is C."); break;
    case 6: printf ("\nThe grade is D."); break;
    default: printf ("\nThe grade is E.");
    }
    }
```

假设运行时输入 75，则 m=7，执行 case 7：后的语句 printf（"\nThe grade is C."）；后遇 break；结束 switch 语句的执行。程序的运行情况如下：

```
Please input a score (0~100):
75
The grade is C.
```

break 语句用于改变程序流程。当在 switch 语句中执行 break 语句时，break 语句使程序从该结构中退出，程序接着执行该结构后的第一条语句。如果去掉上例中的所有 break 语句，运行程序并输入 75，则程序的运行情况如下：

```
Please input a score (0~100):
75
The grade is C.
The grade is D.
The grade is E.
```

 该算法中。switch 语句后的表达式是 m（=score/10）而不是 score，这样处理可以大大减少分支数目，简化程序。

【例 5.7】 利用 switch 语句，实现计算器程序。用户输入运算数和四则运算符，输出计算结果。

```
main()
{  float a, b, s;
   char c;
   printf("input expression: a+(-, *, /)b \n");
   scanf("%f%c%f", &a, &c, &b);
   switch(c){
   case +: printf("%f\n", a+b); break;
   case -: printf("%f\n", a-b); break;
   case *: printf("%f\n", a*b); break;
   case /: printf("%f\n", a/b); break;
   default: printf("input error\n");
   }
}
```

本例可用于四则运算求值。switch 语句用于判断运算符，然后输出运算值。当输入运算符不是+，-，*，/时给出错误提示。

5.5 条件控制应用举例

【例 5.8】 苹果 1.5 元/kg，5kg 以上 9 折优惠，输入重量，输出应付金额。

分析：解决这一问题的关键是顾客购买苹果的重量，知道了重量，也就清楚了顾客应付购买苹果的价款。以下是解决这一问题的算法，请根据算法，写出对应的 C 程序。

```
输入重量 w;
if(w>=5)
   金额=1.5*w*0.9;
else
   金额=1.5*w;
```

输出金额。

【例5.9】　由键盘输入三个任意的整数 a，b，c，要求输出这三个数中的最大值。

第一种解法：

```
main()
{
    float a, b, c, t; /* t-临时变量 */
    scanf("%d, %d, %d", &a,&b,&c);
    if(b>a){t=a;a=b;b=t; } /* 交换 a,b */
    if(c>a){t=a;a=c;c=t; } /* 交换 a,b */
    printf("max=%d\n",a);
}
```

第二种解法：

```
main()
{  int a,b,c;
scanf("%d,%d,%d",&a,&b,&c);
if(a<b)
  if(b<c)
    printf("max=%d\n",c);
  else
    printf("max=%d\n",b);
else if(a<c)
      printf("max=%d\n",c);
else
      printf("max=%d\n",a);
}
```

方法一首先在算法上用到的是将 a 与 b 和 a 与 c 之间进行比较，用 a 变量来存放最大数，如果 b 大于 a，就交换 a，b 两变量的值；然后用 a，b 两数中已确定的大数再和第三个数 c 比较，如果 a 不大于 c，则将被比较的两个变量的值进行交换，确定将较大的那个数放在变量 a 中。

方法二则是三个变量之间两两比较，将比较的最大值结果输出。如果 a<b，b<c 结果显然是 a 最大；如果 a<b，b>c，显然是 b 最大了；如果 a>b，但是 a<c，则 c 最大，假定以上条件都不满足，显然是 a 最大了（也就是 a>b，a>c）。

思考：如何修改程序一，使之能按照由小到大的顺序输出这任意输入的三个整数呢？对于解法二，如何修改程序，使之能按照由大到小的顺序输出这任意输入的三个整数呢？

【例5.10】　从键盘数输入 1～7 这七个数字，使得显示器输出与这 1～7 相对应星期几的英文的单词。

```
main()
{
    int i;
    printf( "\nInput a num in ( 1-7):");
```

```
        scanf("%d", &i);
        switch(i)
         {
           case  1:
                printf("\nToday  is  Monday!");break;
           case  2:
                printf("\nToday  is  Tuesday!");break;
           case  3:
                printf("\nToday  is Wednesday !");break;
           case  4:
                printf("\nToday  is  Thursday!");break;
           case  5:
                printf("\nToday  is  Friday!");break;
           case  6:
                printf("\nToday  is  Saturday!");break;
           case  7:
                printf("\nToday  is  Sunday!");break;
           default:printf("\ninput error!");
         }
        }
```

【例 5.11】 输入某年某月某日，判断这一天是这一年的第几天？

分析：以 7 月 15 日为例，我们知道，7 月之前的前 6 个月已经过去的天数，将这 6 个月的天数加起来，然后再加上 7 月份的 15 天即可得到这一日期是本年的第几天。在解决这一问题的时候，我们不可忽视对闰年的判断，当这年的年份是闰年的时候，其二月应多加一天。

闰年的条件是：这年的年份能被 4 整除，并且不可被 100 整除，或者这年的年份能被 400 整除，满足以上两项条件的年份就是闰年。解决这一问题的逻辑表达式为：

```
        year % 4 == 0 && year % 100 !=0 || year %400 == 0
        main()
        {
          int day,month,year,sum,leap;
          printf("\nplease input year,month,day\n");
          scanf("%d,%d,%d", &day,&month,&year);
          switch(month -1)     /*先计算某月以前月份的总天数*/
        {
        case 1: sum=31;
        case 2: sum=59;break;
        case 3: sum=90;break;
        case 4: sum=120;break;
        case 5: sum=151;break;
        case 6: sum=181;break;
```

```
        case 7: sum=212;break;
        case 8: sum=243;break;
        case 9: sum=273;break;
        case 10: sum=304;break;
        case 11: sum=334;break;
        default: printf("data error");break;
    }
    sum=sum+day; /*再加上某天的天数*/
    if(year % 4 == 0 && year % 100 !=0 || year %400==0)/*判断是不是闰年*/
            sum=sum+1;
    printf("It is the %dth day.",sum);
    }
```

【例 5.12】　从键盘输入一个不多于 5 位数的任意正整数，判断该数是一个几位数？并逆序输出你所输入的这一整数（如输入 345，输出 543）。

分析：要解决这一问题，必须将所输入的数按位分解，要达到分解的目的，一是利用 C 算术运算符中的"/"号，我们知道，整数/整数只可得到商的整数部分,比如 375/100=3；二是利用 C 算术运算符中的"％"号，两个整数之间使用"％"，可以得到两者之间的余数。比如：375％100=75；同时我们还应注意到，任一数值都是这个数的每一数符乘上其位权的和这一特性，比如：375=3*100+7*10+5。因此我们可以得到以下的程序代码：

```
main()
{
    long a，b，c，d，e，x;
    scanf("%ld",&x);
    a=x/10000;              /*分解出万位*/
    b=(x%10000)/1000;       /*分解出千位*/
    c=x%1000/100;           /*分解出百位*/
    d=x%100/10;             /*分解出十位*/
    e=x%10; /*分解出个位*/
    if (a!=0) printf("there are 5, %ld %ld %ld %ld %ld\n",e,d,c,b,a);
    else if (b!=0) printf("there are 4, %ld %ld %ld %ld\n",e,d,c,b);
        else if (c!=0) printf(" there are 3,%ld %ld %ld\n",e,d,c);
            else if (d!=0) printf("there are 2, %ld %ld\n",e,d);
                else if (e!=0) printf(" there are 1,%ld\n",e);
    }
```

 本章小结

本章主要学习了 C 语句、if 语句、switch 语句等条件控制实现的方法。

1. C 语句

C 语句可以分为表达式语句（由表达式加分号构成）、空语句（只有一个单独的分号所构成）、复合语句（将多条语句用大括号对括起来所构成的语句）、函数调用语句（由函数名加分号所构成）、流程控制语句（控制程序执行的走向，由 C 语言的关键字构成）。

2．if 语句

1）在 if 语句中，测试表达式不限于关系表达式和逻辑表达式，也可以是任何数值表达式。如果测试表达式的值为逻辑"真"或任何非 0 值，均表示条件成立；只有测试表达式的值为 0 时，才表示条件不成立。

2）if 语句中的分支语句可以是单语句，也可以是复合语句。复合语句一定要用花括号括住，或者用逗号表达式构成的语句代替，否则会引起逻辑错误。

3）if 在嵌套使用时，由于 C 语言的 if 语句没有终端语句，所以在 if 嵌套的情况下要特别注意 else 和 if 的配对关系，避免引起逻辑上的混乱。

3．switch 语句

1）switch 后面只能是字符型或整型表达式，且必须放在圆括号中，各个 case 中也只能使用整型常量或整型常量表达式，且其值应互不相同，否则会出现矛盾的结果。

2）switch 可以嵌套使用，要求内层的 switch 必须完全包含在外层的某个 case 中，允许内、外层 switch 的 case 中含有相同的常数，不会引起误会。

3）switch 语句中各个 case 及 default 的位置会影响程序的运行结果。

4）可以使用 break 语句来消除 case 及 default 的位置对程序运行结果的影响。

 思考与练习

1．填空

（1）语言中用_____表示"真"，用_____表示"假"。

（2）设 y 是 int 型变量，请写出判断 y 为奇数的关系表达_____。

（3）执行以下程序段后，a=_____，b=_____，c=_____。

```
int x=10, y=9;
int a,b,c ;
a = (x--= =y++) ? x-- : y++ ;
b = x++ ;
c = y ;
```

2．a 的初值为 2，b 的初值为 3，c 的初值为 4，求下列表达式的值：

（1）a= =3　　　　　（2）a=3　　　　　（3）a&&b

（4）a||b+c&&b-c　　（5）!（(a<b)&&!c||1)　　（6）a<b? a: c<b? c: a

3．选择题

（1）设 int x=1, y=1；表达式(!x||y--)的值是（　　）。

A. 0   B. 1   C. 2   D. −1

（2）设 a 为整形变量，不能正确表达数学关系：10<a<15 的 C 语言表达式是（   ）。

    A. 10<a<15   B. a==11||a==12||a==13||a==14

    C. a>10&&a<15   D. !(a<10)&&!(a>=15)

（3）下面程序的输出结果是（   ）。

```
main()
{   int x=1, a=0, b=0;
switch(x)
{   case 0: b++;
case 1: a++;
case 2: a++; b++;
}
printf("a=%d, b=%d\n", a, b);
}
```

A. a=2，b=1   B. a=1，b=1   C. a=1，b=0   D. a=2，b=2

4. 读程序，写出程序的运行结果。

（1）
```
main()
{   int a= -1, b=1, k;
if((++a<0)&& ! (b-- <=0))  printf("%d %d\n", a, b);
else
printf("%d %d\n", b, a);
}
```

（2）
```
main()
{   int a=2, b=-1, c=2;
if (b<0)  c=0;
else c++ ;
printf ("%d\n", c);
}
```

（3）
```
main()
{   int a=100;
if (a>0) printf ("%d\n", a>100);
else   printf ("%d\n", a<=100);
}
```

5. 编写程序。

（1）为了鼓励节约用水，作如下规定：每人月用水量在 10m³ 或 10m³ 以下，收费为 1.8 元/m³；用水量在 10~20m³ 之间的，超出部分收费为 2.5 元/m³；用水量超过 20m³ 的，超出 20m³ 的部分收费为 3.5 元/m³。设某人某月份用水 x m³，编程求其应付水费 y。

（2）某大型超市进行打折促销活动，消费金额（p）越高，折扣（d）越大，标准如下：

消费金额	折扣
p <100	0%

100≤p<200	5%
200≤p<500	10%
500≤p<1000	15%
p≥1000	20%

编程，从键盘输入消费金额，输出折扣率和实付金额（f）。要求：

① 用 if 语句实现。

② 用 switch 语句实现。

实训五　控制语句的使用

一、实训目的

1）学会正确使用逻辑运算符和逻辑表达式。

2）了解 C 语句表示逻辑量的方法（以 0 代表"假"，以 1 代表"真"）。

3）熟练掌握 if 语句和 switch 语句的使用。

4）了解 Turbo C 程序调试的基本方法。

二、预习知识

1）if、switch 语句的用途和格式规范。

2）if 语句和 switch 语句之间的转换、break 语句的用途。

3）绘制程序框图，编制源程序，准备测试数据。

三、知识要点

1）关系运算符与关系表达式，逻辑运算符与逻辑表达式。

2）if 语句的三种常用格式。

3）swtich 语句的基本格式。

四、实训内容与步骤

1. 验证实验

已知三个数 a、b、c，找出最大值放于 max 中。

分析：由已知可得在变量定义时定义四个变量 a、b、c 和 max，a、b、c 是任意输入的三个数，max 是用来存放结果最大值的。第一次比较 a 和 b，把大数存入 max 中，因 a，b 都可能是大值，所以用 if 语句中 if-else 形式。第二次比较 max 和 c，把最大数存入 max 中，用 if 语句的第一种形式 if 形式。max 即为 a、b、c 中的最大值。

```
#include "stdio.h"
main()
{
    int a,b,c,max;              /*定义四个整型变量*/
    scanf("a=%d,b=%d,c=%d",&a,&b,&c);
```

```
   if (a>=b)
     max=a;                /*a>=b*/
   else
     max=b;                /*a<b*/
   if (c>max)
     max=c;                /*c 是最大值*/
   printf("max=%d",max);
  }c
```

若输入下列数据，分析程序的执行顺序并写出运行结果。

（1）a=1，b=2，c=3

（2）a=2，b=1，c=3

（3）a=3，b=2，c=1

（4）a=3，b=1，c=2

（5）a=3，b=3，c=2

（6）a=2，b=1，c=2

2．分析实验

某单位马上要加工资，增加金额取决于工龄和现工资两个因素：对于工龄大于等于20 年的，如果现工资高于 2000，加 200 元，否则加 180 元；对于工龄小于 20 年的，如果现工资高于 1500，加 150 元，否则加 120 元。工龄和现工资从键盘输入，编程求加工资后的员工工资。

编辑、编译、运行程序题 3，测试数据见表 5.1。

表 5.1 测试数据

工龄 y/年	现工资 s0/元	调整工资 s/元	
		人工计算结果	试验运算结果
25	2200		
22	1900		
18	1700		
16	1400		

```
   main()
   {
     float s0,s;
     int y;
     printf("Input s0,y:");
     scanf("%f,%d",&s0,&y);
     if(y>=20)
     {
       if(s0>=2000)s=s0+200;
       else s=s0+180;
```

```
    }
    else
    {
        if(s0>=1500)s=s0+150;
        else s=s0+120;
    }
    printf("s=%f\n",s);
}
```

3．编程。

（1）有一函数：

$$y = \begin{cases} x & x < 1 \\ 2x & 1 <= x < 10 \\ 3x - 11 & x >= 10 \end{cases}$$

要求：用 scanf 函数输入 x 的值（分别为 x<1，1～10，>=10 三种情况），求 y 值。

提示：y 是一个分段表达式，要根据 x 的不同区间来计算 y 的值。所以应使用 if 语句。

（2）给出一百分制成绩，要求输出成绩等级 A、B、C、D、E。90 分以上为 A，80~89 为 B，70～79 分为 C，60～69 分为 D，60 分以下为 E；其他成绩则输出错误提示（成绩小于或大于 100 为非法成绩）。

要求：输入测试数据，调试程序。测试数据要覆盖所有路径，注意临界值，例如此题中的 100 分，60 分，0 分以及小于 0 和大于 100 的数据。

提示：switch 语句是用于处理多分支的语句。注意：case 后的表达式必须是一个常量表达式，所以在使用 switch 语句之前，必须把 0～100 之间的成绩分别化成相关的常量。所有 A（除 100 以外），B，C，D 类的成绩的共同特点是十位数相同，此外都是 E 类，则由此可得把 score 除十取整，化为相应的常数。

五、实训要求及总结

1．结合上课内容，对上述程序先阅读，然后上机并调试程序，并对实验结果写出你自己的分析结论。

2．整理上机步骤，总结经验和体会。

3．完成实验报告和上交程序。

第6章

循环控制

知识目标

- C 语言循环结构的概念。
- while、do-while、for 三种循环结构格式及执行流程。
- 循环体中的控制语句 break 和 continue 的作用。
- 基本的程序设计算法,并培养编制 C 程序的能力。

技能目标

- 理解循环的概念、控制要素,掌握 while 循环、do-while 循环与 for 循环的格式、循环流程及应用,明白三种循环的比较及应用特点,学会对于普通的循环程序,可以用多种方法来完成。
- 熟悉 break 和 continue 语句在循环中的使用方法,了解多重循环的流程与控制,理解简单的循环嵌套的应用。
- 理解循环程序设计的基本算法以及循环程序设计的方法,掌握程序设计的第三种结构,即循环结构。结合上机训练,使读者可以写较复杂的一些 C 语言程序。

循环是根据给定的条件成立与否，用于反复执行某一程序段落的控制语句。循环是构成 C 程序的重要结构之一，应用极为普遍。循环结构设计即是 C 程序设计中的重点，又是难点。在本章中，首先通过对循环语句的了解，逐一学习 C 程序所用到的三种基本循环控制语句：while 循环、do-while 循环以及 for 循环。并通过对循环体控制语句 break 以及 continue 的引入、双重循环的介绍，学习较为复杂的循环结构控制。学会基本的程序设计算法，并培养编制复杂程序的能力。

6.1　循环语句介绍

　　许多问题的求解归结为重复执行的操作，例如输入多个同学的成绩、对象遍历、迭代求根等问题。这种重复执行的操作在程序设计语言中叫做循环结构。循环结构是程序中一种很重要的结构。其特点是，在给定条件成立时，反复执行某程序段，直到条件不成立为止。要说明的是，几乎所有实用程序都包含循环。特别是在现代多媒体处理程序（图像、声音、通信）中，循环更是必不可少。

　　重复的动作是受控制的，比如满足一定条件继续做，一直做直到该条件不满足，做多少次结束。也就是说重复工作需要进行控制——循环控制。C 语言提供了三种循环控制语句（不考虑 goto/if 构成的循环），构成了三种基本的循环结构。

　　在循环控制中，给定的条件称为循环条件，反复执行的程序段称为循环体。计算机程序的循环方式有两种：一是计数器控制的循环；二是标记控制的循环。根据开始循环的初始条件和结束循环的条件不同，C 语言中用如下语句实现循环。

　　1）用 while 语句（"当型循环"）。

　　2）用 do-while 语句（"直到型循环"）。

　　3）用 for 语句（"当型循环"）。

6.2　while 循环语句

1. 语句格式

while 语句最简单的情况是循环体只有一个语句，其形式如下：

```
while(表达式) 语句;
```

语句成分是 while 语句的循环体，它可以是任何一条可执行语句或空语句。但是，while 语句通常使用更复杂的形式，也就是其一般形式：

```
while(表达式)
{
    语句序列;
```

```
    }
```

2. 语句执行过程

其中表达式是循环条件，语句序列为循环体。其执
行过程是：先计算 while 后面圆括号内表达式的值，如
果其值为真（非 0），则执行语句序列（循环体），然后
回过头再计算 while 后面圆括号内表达式的值，并重复
上述过程，直到表达式的值为"假"（值为 0）时，退出
循环，并转入下一语句去执行。

while 循环的执行流程如图 6.1 所示。

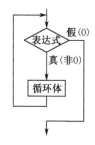

图 6.1 while 循环执行流程

3. 格式举例

1）while(x<=0) printf("%d\n",x);

2）while(x) {s+=x; printf("%d\n",x);}

3）while(n--) {
```
        scanf("%d",&x);
        if(x>0) n1++; else n2++;
        }
```

4）while(i<n && x!=a[i]) i++;

5）while(i++<N) {
```
        x=rand()%100;
        if(x%2==0) c2++;
        if(x%3==0) c3++;
        if(x%5==0) c5++;
        }
```

4. 几点说明

使用 while 语句时，需注意如下几个问题：

1）while 语句的特点是先判断表达式的值，然后根据表达式的值决定是否执行循环
体中的语句，因此，如果表达式的值一开始就为"假"，则循环体将一次也不执行。

2）当循环体由多各语句组成时，必须用左、右花括号括起来，使其形成复合语句。
如：

```
    while(x>0)
        {
        s+=x
        x--;
        }
```

3）为了使循环最终能够结束，而不至于使循环体语句无穷执行，即产生"死循环"。
因此，在循环体中一定要有使循环趋向结束的操作，每执行一次循环体，条件表达式的

值都应该有所变化。这个变化既可以在表达式本身中实现，也可以在循环体中实现。

4）while 语句中的表达式一般是关系表达或逻辑表达式，只要表达式的值为真(非 0)即可继续循环。

5. 应用举例

【例 6.1】 利用 while 语句，编写程序，求 1+2+3+…+100 的值。

分析：上式可写成：sum=1+2+3+…+i+…+100（i=1，i=2，i=3 … i=100）

我们不难发现：这是一个求 100 个数的累加和问题，加数从 1 变化到 100，可以看到加数是有规律变化的。后一个加数比前一个加数增 1，第一个加数为 1，最后一个加数为 100；因此可以在循环中使用一个整型变量 i，每循环一次使 i 增 1，一直循环到 i 的值超过 100，用这个办法就解决了所需的加数问题；但是要特别注意的是变量 i 需要有一个正确的初值，在这里它的初值应当设定为 1。

下一个要解决的是求累加和。设用一个变量 sum 来存放这 100 个数和的值，可以先求 0+1 的和并将其放在 sum 中，然后把 sum 中的数加上 2 再存放在 sum 中，依次类推。这里 sum 代表着人们脑中累加的那个和数，不同的是心算的过程由人们自己控制。在这里，sum 累加的过程要放在循环中，加数则放在变量 i 中，由计算机来判断加数是否已经超过 100，并在循环过程中一次次的将加数增加 1。累加求和的逻辑过程如图 6.2 所示，程序的执行流程如图 6.3 所示。

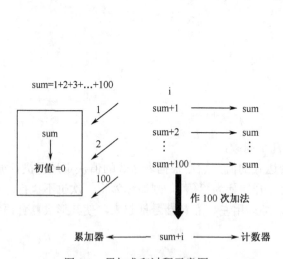

图 6.2 累加求和过程示意图

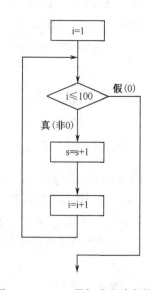

图 6.3 1～100 累加求和流程图

以下就是求累加和的典型算法。

```
main()
{
    int i=1, sum=0;        /*i 的初值为 1，sum 的初值为 0*/
    while(i<=100)          /*当 i 小于或等于 100 时执行循环体*/
```

```
    {
      sum=sum+i;                    /*在循环体中累加一次, i 增加 1*/
      i=i+1;                        /*在循环体中 i 增加 1*/
    }
    printf("sum=%d\n",sum);
  }
```

程序运行后的输出结果:

```
    sum=5050
```

在循环体中，语句的先后位置必须符合逻辑，否则将会影响运算结果，例如，若将上例中的 while 循环体改写成:

```
    while(i<=100)
    {   i++;            /*先计算 i++,后计算 sum 的值*/
        sum=sum+i;
    }
```

运行后，将输出:

```
    sum=5150
```

运行的过程中，少加了第一项的值 1，而多加了最后一项的值 101。

【例6.2】 利用 while 语句，计算 $1+1/2+1/4+\cdots+1/50$ 的值，并显示出来。

分析：此例与上例的运算原理基本一致，不同的是运算求和的式子从第二项开始才有规律可循。此时累加器的初值应根据实际的问题灵活设置为 1。此时，循环控制变量的初值也应从第二项开始设置。

```
    #include "stdio.h"
    main()
    {
        float sum=1;            /*累加器的初值*/
        int  i=2;               /*循环控制变量 i 的初值*/
        while (i<=50)           /*循环控制变量 i 的终值*/
        {
        sum +=1/(float) i;      /*计算 sum=sum+1/i*/
        i+=2;                   /*循环控制变量的增加值*/
        }
        printf("sum=%f",sum);
    }
```

运行结果:

```
sum=2.907979
```

在此程序中，在循环体中进行累加计算时，必须要对变量 i 进行强制类型转换，即利用（float）i 使其变为浮点型中间变量后再参加运算；否则，由于 i 中存放的是大于 1 的整型量，所以，1/i 将按整型规则运算，其结果总是为 0。

【例6.3】 统计从键盘输入一行字符的个数。

分析：通过字符输入语句 getchar()，我们可以从键盘上得到一连串的字符。该题虽然没明确的告诉你循环结束的条件，但是，从"输入一行字符"的提示中，我们不难理解，循环结束的条件是 getchar()=='/n'。当输入的字符 getchar()!='/n'时，计数器就应该做一次计数求和；而当输入的字符 getchar()=='/n'时，循环结束。

```
#include <stdio.h>
main()
{
    int n=0;
    printf("input a string:\n");
    while(getchar()!='\n')   n++;
    printf("%d",n);
}
```

本例程序中的循环条件为 getchar()!='\n',其意义是，只要从键盘输入的字符不是回车就继续循环。循环体 n++完成对输入字符个数计数，从而程序实现了对输入一行字符的字符个数计数。

【例 6.4】 用循环形式输出 a++*2 的值。

```
main()
{
    int a=0,n;
    printf("\n input n:    ");
    scanf("%d",&n);
    while (n--)
      printf("%d  ",a++*2);
}
```

本例程序将执行 n 次循环，每执行一次，n 值减 1。循环体输出表达式 a++*2 的值。该表达式等效于（a*2；a++）。

6.3　do-while 循环语句

do-while 语句常称为"直到型"循环语句。

1. 语句格式:

do-while 循环结构的形式如下：

```
do
    {语句序列(循环体) }
while(表达式);
```

例如：

```
do
```

```
{   i++;
    s+=i;
}while(i<10);
```

2. 语句执行过程

当程序执行到 do 语句时，顺序执行 do 后面循环体中的各语句。随后计算 while 后面一对圆括号中表达式的值。当值为非零（真）时，程序继续转去执行 do 后面循环体中的各语句；当值为零(假)时，退出 do-while 循环，执行 while 后的语句。

do-while 循环的执行过程如图 6.4 所示。

图 6.4 do-while（直到型）循环执行流程

3. 语句格式

1）do i++; while(i<y);
2）do scanf("%d",&x); while(x<=0);
3）do { scanf("%d",&x);
                s+=x;
        }while(--n>0);

4. 几点说明

1）do 是 C 语言的关键字，必须与 while 联合使用。

2）do-while 循环由 do 开始，用 while 结束。必须注意的是：在 while（表达式）后的 ";" 不可丢，它表示 do-while 语句的结束。

3）while 后一对圆括号中的表达式，可以是 C 语言中任意合法的表达式。由它控制循环是否执行。

4）按语法，在 do 和 while 之间的循环体只能是一条可执行语句。若循环体内需要多个语句，应该用大括号括起来，组成复合语句。

5）同 while 循环一样，在 do-while 循环体中，一定要有能使 while 后表达式的值变为 0 的操作，否则，循环将会无限制的进行下去。

5. 应用举例

【例 6.5】 利用 do-while 语句，编写程序，求 1+2+3+…+100 的值。

参照例 6.1 的分析以及图 6.2 的示意。根据 do-while 循环的结构，我们不难画出解决这一问题的流程图，见图 6.5。

程序如下：

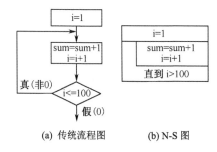

(a) 传统流程图   (b) N-S 图

图 6.5 do-while 循环实现 1～100

```
#include"stdio.h"
main ()
{
    int i=1,sum=0;
    do
    {
        sum=sum+i;
        i=i+1;
    }while(i<=100);
    printf("sum=%d\n",sum;
}
```

程序运行后的输出结果：

```
sum=5050
```

【例 6.6】　while 和 do-while 循环比较。

（1）
```
main()
{int sum=0,i;
 scanf("%d",&i);
 while(i<=10)
    {sum=sum+i;
     i++;
    }
 printf("sum=%d",sum);
 }
```

（2）
```
main()
{int sum=0,i;
 scanf("%d",&i);
 do
   {sum=sum+i;
    i++;
    }
 while(i<=10);
 printf("sum=%d",sum);
 }
```

　　由 do-while 构成的循环与 while 循环十分相似。它们之间的主要区别是：while 循环结构的判断控制出现在循环体之前，只有当 while 后面表达式的值为非零（真）时，才能执行循环体；而 do-while 构成的循环结构中，总是先执行一次循环体，然后再求表达式的值，因此，无论表达式的值是零（假）还是非零（真），循环体至少要被执行一次。

　　在这个例子中，当所输入的 i 是 10 以下的整数时，两个程序运行的结果完全一致即 i 到 10 的累加和。但是，当所输入的数据 i 是大于 10 的整数时，则：程序(1)不执行循环体，输出 sum=0；而程序(2)则执行一次循环体，输出 sum=i（i 为键盘所输入的具体数值）。

　　在一般情况下，用 while 语句和 do-while 语句处理同一问题时，若二者的循环体部分是一样的，它们的结果也一样。如例 6-1 和例 6-5 中的循环体是相同的，得到的结果也相同。但在 while 后面的表达式一开始就为假（0 值）时，两种循环的结果是不同的。

简单地说，while 循环是先判断，后执行；do-while 循环是先执行，后判断。

6.4　for 循环语句

1. 语句格式

for 语句构成的循环通常称为 for 循环，又叫计数循环，for 循环的一般形式如下：

```
for（表达式 1；表达式 2；表达式 3）
        循环体；
```

例如：

```
for(k=0;k<10;k++)
    printf("*");
```

以上 for 循环在一行上打印 10 个"*"号。

for 是 C 语言的关键字，其后的圆括号中通常含有 3 个表达式，各表达式之间用"；"隔开。这三个表达式可以是任意表达式，通常主要用于 for 循环的控制。紧跟在 for(...) 之后的是循环体，循环体在语法上要求是一条语句，若在循环体内需要多条语句时，应该用大括号括起来，形成复合语句。

2. for 循环的执行过程

1）先求解表达式 1。

2）求解表达式 2，若其值为真（非 0），则执行 for 语句中指定的内嵌语句（循环体），然后执行下面第 3 步；若其值为假（0），则结束循环，转到第 5 步。

3）求解表达式 3。

4）转回上面第 2 步继续执行。

5）循环结束，执行 for 语句下面的一个语句。

其执行过程如图 6.6 所示。

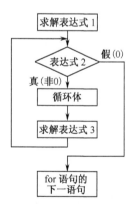

图 6.6　for 循环执行流程

3. 语句格式举例

1）`for(i=1; i<=100; i++)sum=sum+i;`

2）`for(i=1; i++<=1000;) ;`

3）`for(i=0,j=0; i+j<20 ;i++,j+=2) x=i*i+j*j;`

4）`for(;;) {i++; if(i>100) break;}`

5）
```
for(i=0,y=0; i<n; i++) {
                scanf("%d",&x);
```

```
        y+=x;
    }
```

4. 应用举例

【例 6.7】 请编写一个程序，计算半径为 0.5、1.5、2.5、3.5、4.5、5.5mm 时的圆面积。

本例要求计算 6 个不同半径的圆面积，且半径的变化是有规律的，从 0.5mm 开始按增 1mm 的规律递增，可直接用半径 r 作为 for 循环控制变量，每循环一次使 r 增 1 直到 r 大于 5.5 为止。程序如下：

```
#include "stdio.h"
main()
 {
    float  r, s;
    float Pai=3.14159;
    for (r=0.5; r<6.0; r++)
    {
        s=Pai*r*r;               /*计算圆面积 s 的值*/
        printf("r=%3.1f  s=%5.2f\n", r, s);
    }
 }
```

运行结果：

```
r=0.5    s=0.79
r=1.5    s=7.07
r=2.5    s=19.63
r=3.5    s=38.48
r=4.5    s=63.62
r=5.5    s=95.03
```

程序中定义了一个变量 Pai，它的值是 3.14159；变量 r 既用作循环控制变量又是半径的值，它的值由 0.5 变化到 5.5。循环体共执行 6 次，当 r 增到 6.0 时，条件表达式"r<6.0"的值为 0，从而退出循环。for 循环的循环体是个用花括号括起来的复合语句，其中包含两个语句，通过赋值语句把求出的圆面积放在变量 s 中，然后输出 r 和 s 的值。

【例 6.8】 求正整数 n 的阶乘 n!，其中 n 由用户从键盘输入。

在本例中省略了对用户输入的 n 的合理性的检测，阶乘结果用 fac 表示，它的值一般比较大，因此定义为实型变量。整个流程如图 6.7 所示。

程序如下：

```
#include"stdio.h"
main()
 {
    float fac=1;
    int n,i;
```

```
scanf("%d",&n);
    /*以下省略了对用户输入的 n 的合理性的检测*/
for(i=1;i<=n;i++)
    fac=fac*i;
printf("fac=%7.0f\n",fac);
}
```

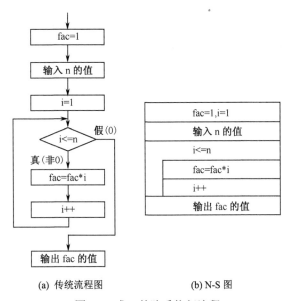

(a) 传统流程图　　　　　　　　(b) N-S 图

图 6.7　求 n 的阶乘执行流程

由以上两个例子可以看出,for 语句最典型的应用形式,也就是最易理解的形式如下:

```
for(循环变量赋初值;循环条件;循环变量增量)
    语句序列（循环体）;
```

其中,"循环变量赋初值":总是一个赋值语句,它用来给循环控制变量赋初值;"循环条件":是一个关系表达式,它决定什么时候退出循环;"循环变量增量":定义循环控制变量每循环一次后按什么方式变化。这三个部分之间用";"分开。

5. 几点说明

1)for 语句一般形式中的"表达式 1"可以省略,此时应在 for 语句之前给循环变量赋初值。注意省略表达式 1 时,其后的分号不能省略。如

```
for(;i<=10;i++)
    fac=fac*i;
```

执行时,跳过"求解表达式 1"这一步,其他不变。

2)如果表达式 2 省略,即不判断循环条件,循环无终止地进行下去。也就是认为表达式 2 始终为真。

例如:

```
for( i=1;; i++ )
```

```
          sum=sum+i
```
它相当于：
```
    i=1;
        while(1)
        {  sum=sum+i;
          i++;
        }
```

3）表达式 3 也可以省略，但此时程序设计者应另外设法保证循环能正常结束。如：

如：
```
for (sum=0, i=1; i<=100;  )
        {  sum=sum+i;
        i++;
        }
```

本例把 i++的操作不放在 for 语句的表达式 3 的位置处，而作为循环体的一部分，效果是一样的，都能使循环正常结束。

4）可以省略表达式 1 和表达式 3，只有表达式 2，即只给循环条件。如：
```
    for( ;i<=10;)
    {
        fac=fac*i;
        i++;
    }
```
相当于：
```
    while(i<=10)
      {
        fac=fac*i;
        i++;
      }
```

在这种情况下，完全等同于 while 语句。可见 for 语句比 while 语句功能强，除了可以给出循环条件外，还可以赋初值，使循环变量自动增值等。

5）三个表达式都可以省略，如
```
    for(;;)
    语句序列（循环体）;
```
相当于
```
    while(1)
    语句序列（循环体）;
```
即不设初值，不判断条件（认为表达式 2 为真），循环变量不增值。无终止地执行循环体。

6）表达式 1 可以是设置循环变量初值的赋值表达式，也可以是与循环变量无关的其它表达式。如
```
    for(fac=1;i<=10;i++)  fac=fac*i;
```
表达式 3 也类似。

表达式 1 和表达式 3 可以是一个简单的表达式，也可以是逗号表达式，即包含一个以上的简单表达式，中间用逗号间隔。如：

```
for(fac=1,i=1;i<=10;i++)  fac=fac*i;
```
或
```
for(fac=1,i=1;i<=10; fac=fac*i, i++) ;
```

在这两条语句中，表达式 1 都是逗号表达式，即同时设两个初值。也就是说，表达式 1 可以包含多个赋值表达式；在第二条语句中，将循环体语句放入到了表达式 3 里，循环体是一条空语句，而程序的循环则在表达式 3 内完成。

在逗号表达式内按自左至右顺序求解，整个逗号表达式的值为其中最右边的表达式的值。如：
```
for(i=1;i<=10;i++,i++)  fac=fac*i;
```
相当于
```
for(i=1;i<=10;i+2)  fac=fac*i;
```

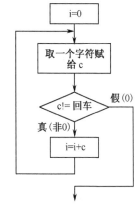

7）表达式 2 一般是关系表达式（如 i<10）或逻辑表达式（如 a<b&&x<y），但也可以是数值表达式或字符表达式，只要其值为非零，就执行循环体。分析下面两个例子：

① `for(i=0;(c=getchar() )! ='\n';i+=c);`

在表达式 2 中先从终端接收一个字符给 c，然后判断此赋值表达式的值是否不等于'\n'（换行符），如果不等于'\n'，就执行循环体。此 for 语句的执行过程见图 6.8，它的作用是不断输入字符，将它们的 ASCII 码相加，直到输入一个"回车换行"符为止。

图 6.8 利用循环输入一串字符的流程图

此 for 语句的循环体为空语句，把本来要在循环体内处理的内容放在表达式 3 中，作用是一样的。可见 for 语句功能强，可以在表达式中完成本来应在循环体内完成的操作。

② `for(;(c=getchar() )! ='\n';)`
```
         printf("%c",c);
```

无表达式 1 和表达式 3，其作用是每读入一个字符输出该字符，直到输入一个"回车换行"符为止。请注意，从终端键盘向计算机输入时，是在输入回车以后才送到内存缓冲区中去的。运行情况是：

```
Cmputer✓              （输入）
Cmputer               （输出）
```
而不是
```
CCmmppuutteerr
```

即不是从终端敲入一个字符马上输出一个字符，而是输入回车后数据送入内存缓冲区，然后每次从缓冲区读一字符，最后输出。

从上面介绍可以知道 C 语言中的 for 语句比其它语言（如 Basic、Pascal）中的 for 语句功能强得多。可以把循环体和一些与循环控制无关的操作也都作为表达式 1 或表达式 3 出现，这样程序可以短小简洁，但过分地利用这一特点会使 for 语句显得杂乱，可读性降低，建议不要把与循环控制无关的内容放到 for 语句中。

6.5　循环体中的控制语句

6.5.1　break 语句

1. break 语句的作用

在分支结构程序设计中已经介绍过用 break 语句可以使流程跳出 switch 结构,继续执行 switch 语句下面的一个语句。实际上,当 break 语句用于 do-while、for、while 循环语句中时,还可以用来从循环体内中途跳出循环体,可使程序终止循环而执行循环后面的语句。通常 break 语句总是与 if 语句联在一起使用,即满足条件时便跳出循环。

2. break 语句的使用形式

```
while(表达式1)
{
    语句组1
        if(表达式2)  break;
    语句组2
}
```

3. break 语句使用应该注意的问题

1)在循环语句中,break 语句一般都是与 if 语句一起使用。
2)break 语句不能用于循环语句和 switch 语句之外的任何其他语句中。

4. 程序举例

【例 6.9】　输出半径 r=1 到 r=10,面积 area 不大于 100 的圆面积。

分析:圆的半径从 1 个单位开始,到 10 个单位结束。因此设定循环控制变量 r,r 的初值为 1,r 的终值为 10。每循环一次,r 的值增 1。用变量 area 表示圆的面积,当 area 的值超过了 100 后,结束循环。程序流程如图 6.9 所示。

程序如下:

```
#define  PI  3.14159           /*宏定义,定义符号常量 PI*/
main()
{
    float  r,area;
    for( r=1;  r<=10;  r++ )
    {
    area=PI*r*r ;                /*计算面积 area*/
```

```
        if(area>100)  break;       /*当 area 的值超过 100，则退出循环*/
         printf("%f\n",area);
    }
      }
```

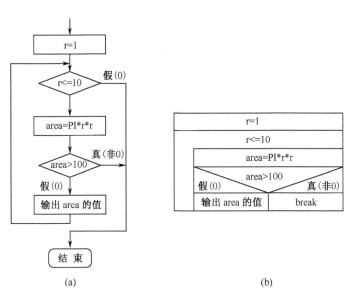

图 6.9　break 语句执行流程

从上面的 for 循环可以看到当 area＞100 时，执行 break 语句，提前终止执行循环，即不再继续执行其余的几次循环。

5. 几点注意

1）break 语句对 if-else 的条件语句不起作用。
2）在多层循环中，一个 break 语句只向外跳一层。

6.5.2　continue 语句

1. continue 语句的作用

continue 语句是跳过循环体中剩余的语句而强制执行下一次循环。其作用为结束本次循环，即跳过循环体中下面尚未执行的语句，接着进行下一次是否继续执行循环的判定。continue 语句只用在 for、while、do-while 等循环体中，常与 if 条件语句一起使用，用来加速循环。

2. continue 语句使用的形式

```
while(表达式 1)
{
```

```
        语句组 1
        if(表达式 2)  continue;
        语句组 2
    }
```

3. 程序举例

【**例 6.10**】 输出 100～200 之间的不能被 3 整除的数。

分析：一个数能不能被 3 整除，就是判定这个数整除 3 有没有余数，如果余数为 0，则这个数能被 3 整除，否则，该数不能被 3 整除。显然我们要判定的数是从 100-200 之间的任何一个整数，所以，我们可以设定一个循环控制变量 n，n 的初值是 100，n 的终值是 200。当 n 能被 3 整除时，才执行 continue 语句，结束本次循环，只有 n 不能被 3 整除时才执行 printf 函数。程序的执行流程如图 6.10 所示

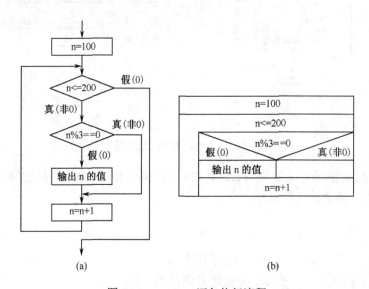

(a)   (b)

图 6.10 continue 语句执行流程

程序如下：

```
    main()
    {
        int n;
    for( n=100 ; n<=200 ; n++)
      {
            if (n%3==0)  continue;    /*若 n 能被 3 整除，程序转到执行表达式 3*/
            printf("%5d",n);
      }
    }
```

上述程序中的循环体也可以改用如下语句处理：

```
    if (n%3!=0)  printf("%5d",n);
```

使用 continue 语句，只是为了说明 continue 语句的作用。

continue 语句和 break 语句的区别是：continue 语句只结束本次循环，而不是终止整个循环的执行，而 break 语句则是结束循环，不再进行条件判断。

如果有以下两个循环结构：

1）while（表达式1）

```
{  ...
    if (表达式2)  break;
    ...
}
```

2）while（ 表达式1）

```
{  ...
    if（表达式2）continue;
    ...
}
```

请注意它们的区别。

6.6　多重循环（循环的嵌套）

在 C 语言中，经常需要把一个循环结构当作另外一个循环结构的循环体，从而构成循环的嵌套结构。一个循环体内又包含另一个完整的循环结构，称为双重循环，嵌在循环体内的循环称为内循环，外部的循环称为外循环。内嵌的循环中还可以再包含另一个循环结构……就构成了多重循环嵌套。

for 循环、while 循环、do-while 循环三种结构可以互相嵌套。

1. 双重循环的一般形式

例如：

```
while (条件表达式1)
    {  [语句1]
      for (; <条件表达式2>;)
      {
          语句2  }
          [语句3]
      }

while (表达式1 )
  {  [语句1]
    do
  {
语句2
}while (表达式2);
[语句3]
  }
```

2. 双重循环的执行顺序

以第一层循环为入口,通过对"条件表达式1"的判断,执行外循环体语句1;接着使用"条件表达式2"进行条件判断,若表达式2的值为真,则执行内循环体语句2;当整个内循环执行完毕之后,再接着执行外循环体语句3(要说明的是,语句1以及语句3都是可选项);当语句3执行完毕后,程序应转到条件表达式1处对循环条件再行判断,如果满足条件表达式1的值(非0),则继续执行上一轮所进行过的循环,如此往复。

3. 多重循环的使用说明

1)语句1、内循环说明语句(条件表达式2)、语句3均是外循环的循环体,它们是以大括号的方式构成了外循环体的复合语句;

2)语句1、内循环说明语句(条件表达式2)、语句3是三条并列的语句,程序在运行时,是以其先后顺序执行的。

4. 双重循环应用举例

打印九九乘法表

【例 6.11】 编写一个程序,输出如下所示乘法表:

```
1*1=1
1*2=2  2*2=4
1*3=3  2*3=6  3*3=9
1*4=4  2*4=8  3*4=12  4*4=16
         ⋮
1*9=9  2*9=18  3*9=27  4*9=36  ……9*9=81
```

分析:乘法表共有9行;每行的式子数很有规律:属于第几行,就有几个式子;对于每个式子,既与所在的行有关,也于所在的列有关。

我们用 i 表示所在行,用 j 表示所在列,写出如下程序:

```
main()
{
  int i, j;
  for(i=1;i<=9 ;i++)
  {
    for(j=1;j<=i ;j++)
    printf("%d*%d=%-4d", j , i ,i*j);
    printf("\n");
  }
}
```

【例 6.12】 百马百担问题:100 匹马驮 100 担瓦,大马每匹驮 3 担,中马每匹驮 2 担,两匹小马驮 1 担,问可能有的大、中、小马的匹数。

分析:设大、中马的匹数分别为 x、y,小马的匹数则为 100-x-y,列出如下方程:

```
3x+2y+(100-x-y)/2=100
```

此题关键是求这个方程组的解，根据题意得知，如果全部用大马来驮，最多只要 33 匹马；如果全部使用中马来驮，最多只需要 50 匹。由此，我们可以得出大马及中马的取值范围：x：1～33，y：1～50。程序执行流程如图 6.11 所示。

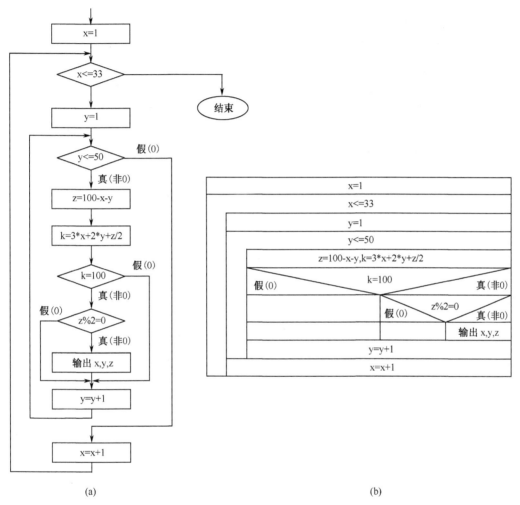

(a)   (b)

图 6.11　双重循环执行流程

程序如下：

```
main()
{ int x,y;
 for(x=1;x<=33;x++)
     for(y=1;y<=50;y++)
     { if (3*x+2*y+(100-x-y)/2.0==100)
         printf("%-6d  %-6d  %-6d\n",x,y,100-x-y); }
}
```

6.7　循环控制应用举例

【例6.13】　输出 Fibonacci 数列的前 n 项。

分析：Fibonacci 数列是这样一组数据的集合：1，1，2，3，5，8，13，21……也就是组成这组数列的前两项是1，以后各项都是其前两项的和。

由 Fibonacci 数列我们可以设置数列的初值为 $fib_1=fib_2=1$，以后各项可以用迭代公式 $fib_i = fib_{i-1}+fib_{i-2}$ (n>=3)来求得其值。设变量 m 为数列中的项各序列号（1≤m≤n），如果迭代过程用变量 m 控制，则初始表达式为 m=3，控制表达式为 m<=n，修正表达式为 m++。程序执行流程如图 6.12 所示。

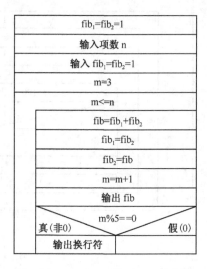

图 6.12　Fibonacci 数列 N-S 流程图

程序如下：

```c
void main()
{
int m,n;
long fib,fib1=1,fib2=1;
scanf("%d",&n);                /*输入所求的项数 n*/
printf("%8ld%8ld",fib1,fib2); /*输出该数列的前两项*/
for(m=3;m<=n;m++)
{
fib=fib1+fib2; /*将当前项 fib2 与前项 fib1 相加,求数列的新项 fib*/
fib1=fib2;     /*求得新项后,设当前项 fib2 为前项 fib1*/
fib2=fib;      /*将新项 fib 设置为当前项 fib2*/
printf("%8ld%",fib);
```

```
   if (m%5==0) printf("\n");
   }
}
```

【例6.14】　任意输入一个数 m，判断是否素数。

分析：所谓的素数是指除能被 1 和自身整除的数，如：2，3，5，7 等。

判断一个数 m 是否为素数，让 m 被 2 到 m−1 之间的所有数取整，为了加快运算速度，可以让 m 被 2 到算术平方根 k（取整）整除，如果 m 能被 2～k 之间任何一个整数整除，说明 m 不是素数，提前结束循环，此时 i 必然小于或等于 k；如果 m 不能被 2～k 之间的任一整数整除，则在完成最后一次循环后，i 还要加 1，因此 i=k+1，然后才终止循环。在循环之后判别 i 的值是否大于或等于 k+1，若是则表明未曾被 2～k 之间任一整数整除过，因此输出"是素数"，否则输出"不是素数"。程序执行流程如图 6.13 所示。

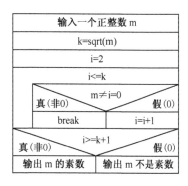

图 6.13　判断某一个数是否为素数的 N-S 流程图

程序如下：

```
#include  "math.h"
main()
{   int  m, i, k;
    scanf("%d", &m);          /*输入整数 m*/
    k=sqrt(m);                /*求 m 的算术平方根 k*/
    for(i=2 ; i<=k ; i++)
      if(m %i==0)break;       /*m 若能被 2-k 之间的数整除，则退出循环*/
    if(i>=k+1)                /*判断 i 是否大于 k*/
      printf("%d is a prime number \n", m);
    else
      printf("%d is not a prime number\n",m);
}
```

【例6.15】　译密码。将每个英文字母循环变为其后的第四个字母。将字母 A 变成字母 E，a 变成 e，w 变成 a，W 变成 A，z 变成 d，Z 变成 D，非字母字符不变。输入一行字符，要求输出其相应的密码。

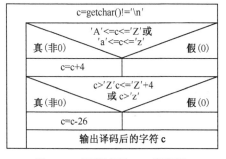

图 6.14　译码过程 N-S 流程图

分析：程序中对输入的字符处理办法是：对输入的字符 c，先判定它是否是大写字母或小写字母，若是，则将其值加 4（变成其后的第四个字母），如果加 4 以后字符值大于'z'或'Z'，则表示原来的字母在 V（或 v）之后，应按本题的规律将它转换为 A～D（或 a～d）之一。

采用的方法是 c-26。程序执行流程如图 6.14 所示。

程序如下：

```
#include "stdio.h"
main()
{ char c;
  while( (c=getchar())!='\n')          /*从键盘上输入一个字符*/
  { if((c>='a'&&c<='z')||(c>='A'&& c<='Z'))/*判断字符是不是字母字符*/
    { c=c+4;                    /*是字母字符,则将原字符加上整数4*/
    if (c>'Z'&&c<='Z'+4 || c>'z')   /*判断加4后的字符是否为字母字符*/
        c=c-26 ;              /*是超过字母字符后,则将现有的字符值减4*/
    }
    printf("%c",c);         /*输出译码后的字符*/
  }
}
```

运行结果如下：

    输入：   I am Student!
    输出：   M eq Wxyhirx!

【例 6.16】 求 100～200 间的全部素数。

分析：在例 6.15 中，我们了解了对某一个整数判断它是否为素数的方法。解决当前求一批数据哪些是素数的问题，可以在例 6.15 的基础上，嵌套一个 for 的外循环即可处理。用外循环依次对从 101～200 之间的数值逐一判断。这里，用 m 表示从 101～200 之间的任意一个整数。程序执行流程如图 6.15 所示。

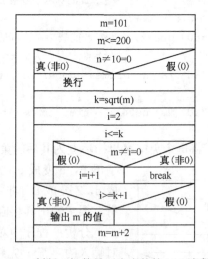

图 6.15 判断一批数是否为素数的 N-S 流程图

程序如下：

```
#include "math.h"
main ()
```

```
{ int  m , k , i ,n=0 ;
  for(m=101; m<=200；m=m+2)
  {  if(n%10==0)  printf（"\n"）; /*每行输出 10 个素数*/
     k=sqrt(m);                  /*求 101-200 之间每一个数的算术平方根*/
     for (i=2;i<=k;i++)
        if（m%i==0）break；       /*m 能被 2-k 之间的数整除,则退出内循环*/
     if (i>=k+1)                 /*判断当前的 i 值是不是大于 k*/
     {  printf（"%5d", m）;       /*当 i 的值大于 k 时,输出 m*/
        n++ ;                    /*统计素数的个数*/
     }
  }
}
```

 本章小结

本章讲述了 while 语句，do-while 语句和 for 语句的三种不同的结构；break 语句的作用与 break 语句使用应该注意的问题；continue 语句的作用与 continue 语句使用应该注意的问题；并讲述了多重循环的概念与双重循环程序举例。

1）for、do-while 和 while 循环都可以用来处理同一问题，在一般情况下，它们可以互相代替使用。它们之间的差别是：

① for 循环和 while 循环都是先判断后执行的循环，称为当型循环。当条件不满足的时候，循环体可能一次也不被执行；而 do-while 循环是先执行后判断的循环，称为直到型循环，这样的循环无论条件满足与否，循环体至少被执行一次。

② for 循环相对其他两种循环结构而言功能更加强大，在 for 语句中可包含三个表达式，习惯用法是用表达式 1 来实现变量初始化，用表达式 2 来作循环条件判断，用表达式 3 作循环变量的自增自减。而 while 和 do-while 语句本身并不具有给循环控制变量赋初值及修改循环控制变量值的功能，因此用 while 和 do-while 循环时，循环变量初始化的操作应在 while 和 do-while 语句之前完成。因此，应注意在 while 和 do-while 的循环体执行之前给循环控制变量赋初值，并在循环体中修改循环控制变量的值。

2）在一个循环的循环体中可以嵌入另一个循环结构，这就是循环的嵌套。循环嵌套的层数并没有限制，但层数过多会使可读性变差，一般嵌套层数不宜超过 3 层。在使用嵌套循环时，应将内层循环完全包含在外层循环中，而且，内外层循环不能使用相同的循环变量。

3）break 用在 switch 中，可以强迫退出 switch，用在循环语句中，可以退出本层循环。

4）continue 只能用在循环中，可以提前结束本次循环。在 for 循环中，将提前进行循环变量增值的计算，然后进行循环条件的测试；在 while 和 do-while 循环中，将提前进入循环条件的测试。

5）当 break 和 continue 同时出现在循环中时，前者提前结束整个循环，后者则提前结束本轮循环。

思考与练习

1. 选择题

（1）下列有关空语句的叙述错误的是（   ）。

    A. 只有分号";"组成的语句称为空语句

    B. 空语句是什么也不执行的语句

    C. 空语句是只执行一次的语句

    D. 在程序中空语句可用作空循环体

（2）下列关于 do-while 语句和 while 语句的叙述中错误的是（   ）。

    A. do-while 语句先执行循环中的语句，然后再判断表达式

    B. while 语句是先进行条件判断，满足条件才去执行循环体

    C. while 语句至少要执行一次循环语句

    D. do-while 循环至少要执行一次循环语句

（3）下列关于 break 语句和 continue 语句的叙述中错误的是（   ）。

    A. break 用来退出循环体

    B. continue 用来退出本次循环，提前进入下次循环的判定

    C. break 语句和 continue 语句都可以用在 while、do-while、for 循环体中

    D. 在循环语句中 break 语句不能和 if 语句连在一起使用

（4）以下叙述正确的是（   ）。

    A. do-while 语句构成的循环不能用其他语句构成的循环来代替。

    B. do-while 语句构成的循环只能用 break 语句退出。

    C. 用 do-while 语句构成的循环,在 while 后的表达式为非零时结束循环。

    D. 用 do-while 语句构成的循环,在 while 后的表达式为零时结束循环。

（5）设 i 和 x 都是 int 类型，则以下 for 循环（   ）。

```
For(i=0,x=0;i<=9&&x!=876;i++)  scanf("%d",&x);
```

    A. 最多执行 10 次   B. 最多执行 9 次

    C. 是无限循环   D. 循环体一次也不执行

（6）以下程序中，while 循环的循环次数是（   ）。

```
main()
{  int  i=0;
while(i<10)
  {   if(i<1)   continue;
    if(i==5)  break;
        i++;
  }
  ...
}
```

    A. 1   B. 10   C. 6   D. 死循环，不能确定次数

（7）有如下程序，执行该程序段的输出结果是（　　）。

```
main()
{   int    n=9;
    while(n>6)   {n--;printf("%d",n);}
}
```

A. 987　　　B. 876　　　C. 8765　　　D. 9876

（8）以下程序的输出结果是（　　）。

```
#include   <stdio.h>
main()
  {  int   i=0,a=0;
    while(i<20)
   {  for(;;)
     {  if((i%10)==0)  break;
        else   i--;
      }
          i+=11;      a+=i;
     }
     printh("%d\n",a);
 }
```

A. 21　　　B. 32　　　C. 33　　　D. 11

（9）有以下程序，程序执行后的输出结果是（　　）。

```
main()
{  int  i, n=0;
   for(i=2;i<5;i++)
   {   do
     {  if(i%3)  continue;
           n++;
     } while(!i);
       n++;
    }
    printf("n=%d\n",n);
}
```

A. n=5　　　B. n=2　　　C. n=3　　　D. n=4

2. 填空题

（1）C 语言三个循环语句分别是_____语句，_____语句和_____语句。

（2）至少执行一次循环体的循环语句是_____。

（3）循环功能最强的循环语句是_____。

（4）下面程序的功能是：计算 1 到 10 之间奇数之和及偶数之和，请填空。

```
#include <stdio.h>
main()
{ int a, b, c, i;
```

```
        a=c=0;
        for(i=0;i<10;i+=2)
         {  a+=i;
           [1]  ;
          c+=b;
         }
        printf("偶数之和=%d\n",a);
        printf("奇数之和=%d\n",c-11);
     }
```

（5）下面程序的功能是：输出 100 以内能被 3 整除且个位数为 6 的所有整数，请填空。

```
        #include <stdio.h>
        main()
        {  int  i, j;
          for(i=0; [2] ; i++)
          {  j=i*10+6;
            if( [3] ) continue;
            printf("%d",j);
          }
        }
```

（6）下面这个程序的功能是打印出如下所示的三角形，请填空。

```
        0
        1
        222
        3333
        44444
        555555
        6666666
        77777777
        888888888
        9999999999
        #include <stdio.h>
        main()
        {
          int i,j;
          for(i=0;i<=    [4]    ;i++)
          {
          for(j=0;j<    [5]    ;j++)
          printf(    [6]    );
          }
        }
```

3．阅读下列程序，指出运行结果：

（1）以下程序运行后的输出结果是_____。

```
main()
{  int x=15;
   while(x>10 && x<50)
   {  x++;
   if(x/3){x++;break;}
   else continue;
   }
   printf("%d\n",x);
}
```

（2）以下程序运行后的输出结果是_____。

```
main()
{   int i=0,s=0;
do{
   if(i%2){i++;continue;}
   i++;
   s +=i;
}while(i<7);
    printf("%d\n",s);
}
```

（3）以下程序的输出结果是_____。

```
main()
{ int  a=0,i;
   for(i=0;i<5;i++)
   { switch(i)
    { case 0:
      case 3:a+=2;
      case 1:
      case 2:a+=3;
      default:a+=5;
    }
   }
printf("%d\n",a);
}
```

（4）以下程序的输出结果是_____。

```
main()
{   int i;
    for(i=0;i<3;i++)
    switch(i)
    {   case    1:  printf("%d",i);
```

```
        case    2:  printf("%d",i);
        default:    printf("%d",i);
    }
}
```

（5）以下程序的输出结果是_____。

```
    main()
     {
int i,a=0;
for(i=1;i<=5;i++)
{
    do
    {
        i++;
        a++;
    }while(i<3);
}
i++;
printf("a=%d,i=%d",a,i);
}
```

4. 编写解决以下问题的 C 语言程序

（1）编写程序，求 1000 以内奇数的和。

（2）编写程序，求任意两个整数之间的所有素数。

（3）编写程序求 1!+2!+3!+…+n!，n 为输入且 3≤n≤20。

（4）编写程序，从键盘上输入 4 名同学的 5 门课程的成绩，分别统计出这 4 名同学 5 门课程的平均分。

（5）编写程序，输出如下的图形：

```
        *
       ***
      *****
        *
       ***
      *****
     *******
    *********
        *
        *
        *
```

 **实训六**

<h1 style="text-align:center">循环程序设计（一）</h1>

一、实训目的

1）理解循环结构的概念。

2）掌握对 while、do-while 语句的使用。

3）掌握 while 与 do-while 语句之间的异同点。

二、预习知识

1）while 与 do-while 语句构成的循环。

2）while 与 do-while 语句构成循环的比较。

3）应用 while 与 do-while 语句解决一些实际应用问题。

三、知识要点

1）while、do-while 语句的工作过程及使用。

2）while 与 do-while 语句之间的异同。

四、改正程序错误

（1）while 循环

```
   n=5;
   while(n);
   {  m++;
printf("%d", m);
   };
```

（2）do-while 循环

```
   n=5;
   do;
   {
     m++;
     printf("%d", m);
   }while(n);
```

五、实训内容与步骤

熟悉 C 程序中 while 与 do-while 语句的使用。

1. 验证实验

```
    #include <stdio.h>
    void main()
```

```
{
long a,b,r;
scanf("%ld",&a);
b=0;
do{
r=a%10;
a=a/10;
b=b*10+r;
}while(a);
printf("%ld",b);
}
```

该程序功能是：从键盘上输入一个任意的整数，可以输出这个整数的逆序数值。比如输入 12345，则输出 54321。

该程序的基本算法是通过 a%10 取得当前数的个位上的数值，通过 a/10 求得当前数除去个位数符后的数值，语句 b=b*10+r 是将当前数值的个位数放入到变量 b 中，而正是通过循环才使得将当前的数值变成逆序成为可能。

程序运行时如果输入−597，则输出为_____。

程序运行时如果输入 23045，则输出为_____。

程序运行时如果输入 567891234，则输出为_____。

程序运行时如果输入 5678901234，则输出为_____（为什么出错？请分析原因。）。

将上述程序分别以 while 循环和 for 循环来实现，该怎样修改程序？

2. 模仿实验

编程实现以下功能：输出两位数中个位和十位的乘积大于个位和十位的和的所有整数。

分析：

从 10 开始取数

a. 把两位数的十位赋给变量 r。

b. 把两位数的个位赋给变量 q。

c. 进行是否满足条件的判断。

d. 若条件满足则输出该数并统计满足条件的数的个数，其中个数统计用于每行输出个数的控制，当每行输出个数达到 5 个时就换行。

e. 当完成对一个数的判断和执行后，继续下一个数的判断，回到步骤 b。以此类推，直到把所有的两位数判断完。

其中用到的主要算法如下：

计算个位可以通过该数除以 10 取余的方法获得。

计算十位可以通过该数除以 10 的商的方法获得。

换行的实现方法为：用输出的数的个数是否能被 5 整除来判断是否进行换行，当能被 5 整除时就换行，否则就不换行。

要求：绘出程序流程图，以实现算法。

用 do-while、while 以及 for 循环分别实现。

3．编程

（1）输入一行字符，分别统计出其中的英文字母、空格、数字和其他字符的个数。

（2）猴子吃桃问题。猴子第一天摘下若干个桃子，当即吃了一半，还不过瘾，又多吃了一个。第二天早上又将剩下的桃子吃掉一半，又多吃一个。以后每天早上都吃了前一天剩下的一半零一个。到第 10 天早上想再吃时，见只剩一个桃子了。求第一天共摘了多少桃子。

在得到正确结果后，修改题目，改为猴子每天吃了前一天剩下的一半后，再吃两个。请修改程序，并运行，检查结果是否正确。

六、实训要求及总结

1．结合上课内容，对上述程序先阅读，然后上机并调试程序，并对实验结果写出你自己的分析结论。

2．整理上机步骤，总结经验和体会。

3．完成实验报告和上交程序。

循 环 程 序 设 计 （二）

一、实训目的

1）掌握对 for 语句及其特殊形式的使用。

2）掌握 for 语句与 while 语句之间的转换。

3）掌握循环的嵌套。

4）学会调试循环结构程序。

二、预习知识

1）for 语句构成的循环及其特殊形式。

2）for 与 while 语句之间的转换。

3）循环嵌套的用法。

三、知识要点

1）for 语句的工作过程及其使用方法。

2）for 语句与 while 语句之间的转换。

3）循环嵌套的使用。

四、改正程序错误

```
for 循环
      for (n=5; ;n--);
      {
```

```
        m++;
    printf ("%d", m);
        }
```

五、实训内容与步骤

熟悉 C 程序中 for 语句的使用。

1．模仿实验

（1）打印"水仙花数"，所谓"水仙花数"是指一个 3 位数，其各位数字的立方和等于该数本身。例如 153＝1+125+27，所以 153 是"水仙花数"。

分析：这个数 n 应该满足 100<n<1000，设其百位权为 i，十位权为 j，个位权为 k，则 i，j，k 应该满足公式（i*100+ j*10+ k==i*i*i+ j*j*j+ k*k*k)。

这样问题就转化为寻找满足条件的 i，j，k。

```
i=n/100 （百位）
j=n/10-i*10 （十位）
k=n%10 （个位）
```

（2）有人说，任意一个两位数乘以 167 加上 2500 所得到的值，其后两位数乘以 3 后所得到值的后两位数正好等于该两位数，例如，35*167+2500＝8345，45*3＝135，135 的后两位数正好是 35。编写程序验证此结论。

分析：所有的两位数进行验算，若所有的式子都成立，则结论正确，否则结论错误。

（3）编程输出以下图形，运行情况：

```
please input a num: 3 (Enter)
   *
  ***
 *****
  ***
   *
please input a num: 5 (Enter)
    *
   ***
  *****
 *******
*********
 *******
  *****
   ***
    *
```

2．编程

（1）输出 100～1000 之间的所有素数，打印时每行输出 10 个数。

（2）木马板凳三十三，百个腿腿地下翻。编程求解：木马和板凳各有多少条？

（3）今有一楼梯（少于 300 阶），每步跨 2 阶，最后余 1 阶；每步跨 3 阶，最后余 2

阶；每步跨 5 阶，最后余 4 阶；每步跨 6 阶，最后余 5 阶；每步跨 7 阶，最后正好到达楼顶。编程计算楼梯的总阶数。

六、实训要求及总结

1．结合上课内容，对上述程序先阅读，然后上机并调试程序，并对实验结果写出你自己的分析结论。

2．整理上机步骤，总结经验和体会。

3．完成实验报告和上交程序。

第7章

数　组

知识目标

- 一维数组的定义、初始化及引用。
- 一维数组的编程应用。
- 字符数组的定义、初始化及其使用方法。
- 常用的字符串操作函数，了解字符数组和字符串的存储方式。

技能目标

- 掌握一维数组的定义、存储、初始化、引用及有关概念，如数组的下标与数组长度，一维数组名为数组的起始地址等。熟悉数组元素在内存中的存储方式，让学生了解引进数组的重要性及应用。
- 掌握字符数组的定义、初始化及其使用，理解字符数组、字符串和字符串结束标志等概念，明白字符串与字符数组的异同，熟悉字符数组的输入和输出函数和字符串的处理函数。

在前面各章中，我们所使用的变量均是简单变量，处理的数据都是基本类型（整型、实型、字符型），因而也只能处理一些简单问题。但在实际生活中，存在很多复杂的、特殊的问题。例如学校中，就有学生的学籍、档案、成绩管理，教职工的人事档案管理等；仅用基本的数据类型、简单变量来处理这些问题是非常麻烦的。除了基本类型的数据外，C 语言还提供了构造类型的数据，它们是数组类型、结构体类型等。

本章介绍一维数组的定义、数组元素的引用方法，同时介绍字符型数组及字符串的处理方法。

7.1　数组的概念

1. 数组的定义

数组是一些具有相同数据类型的数组元素的有序集合。在程序设计中，为了处理方便，把具有相同类型的若干变量有序地组织起来，这些按序排列的同类数据元素的集合就称为数组。在 C 语言中，数组属于构造数据类型。

数组中的每一个元素（即每个成员、也可称为下标变量）具有同一个名称，不同的下标，每个数组元素可以作为单个变量来使用。这些数组元素可以是基本数据类型或是构造类型。按数组元素类型的不同，数组又可分为数值型数组、字符型数组、指针型数组、结构体型数组等各种类别。

2. 数组的数据类型

数组的数据类型可以是各种基本数据类型，如 int、float、double、char、long 等，它表示该数组中各个元素的类型。当然数组还有其他的数据类型，例如指针型、结构型、联合型、枚举型等。C 语言规定，同一数组中的所有元素必须具有相同的数据类型，不允许同一个数组中的不同数组元素包含不同的数据类型。

3. 数组的维数

数组可分为一维数组和多维数组（如二维数组、三维数组、…）。数组的维数取决于数组元素的下标个数，即一维数组的每一个元素只有一个下标，二维数组的每一个元素均有二个下标，三维数组的每一个元素都有三个下标，以此类推。

C 语言对数组的维数没有限制，但用得最多的是一维数组和二维数组。

7.2   一维数组的定义和引用

　　一维数组中的数组元素是排成一行的一组下标变量，用一个统一的数组名来标识，用下标来指示其在数组中的具体位置。下标从 0 开始排列。

　　一维数组通常是和一重循环相配合，对数组元素依次进行处理。

7.2.1   一维数组的定义方式

　　在 C 语言中使用数组必须先进行定义。一维数组的定义方式为：

```
类型说明符　数组名[常量表达式];
```

其中：

　　类型说明符是任一种基本数据类型或构造数据类型。

　　数组名是用户定义的数组标识符。

　　方括号中的常量表达式表示数据元素的个数，也称为数组的长度。

　　例如：

```
int a[10];          说明整型数组 a，有 10 个元素。
float b[10],c[20];  说明实型数组 b，有 10 个元素，实型数组 c，有 20 个元素。
char ch[20];        说明字符数组 ch，有 20 个元素。
```

　　对于数组类型说明应注意以下几点：

　　1）数组的类型实际上是指数组元素的取值类型。对于同一个数组，其所有元素的数据类型都是相同的。

　　2）数组名的书写规则应符合标识符的书写规定。

　　3）数组名不能与其他变量名相同。

　　例如：

```
int a;
float a[10];
```

是错误的。

　　4）方括号中常量表达式表示数组元素的个数，如 a[5]表示数组 a 有 5 个元素。但是其下标从 0 开始计算。因此 5 个元素分别为 a[0]，a[1]，a[2]，a[3]，a[4]。

　　5）不能在方括号中用变量来表示元素的个数，但是可以是符号常数或常量表达式。

　　例如：

```
#define FD 5
main()
{
    int a[3+2],b[7+FD];
    ……
}
```

是合法的。

但是下述说明方式是错误的。

```
int a[n];
```

6）允许在同一个类型说明中，说明多个数组和多个变量。

例如：

```
int a,b,c,d,k1[10],k2[20];
```

7.2.2　一维数组元素的引用

定义完一维数组后，就可以引用这个一维数组中的任何元素了。数组元素是组成数组的基本单元。数组元素也是一种变量，它在内存中是有序的存放的。当定义了一个数组后，C 编译程序将为定义的数组在内存中开辟一组连续的存储单元。

【例 7.1】　定义一个有 10 个元素的数组，输出其在内存中的地址。

```
main()
{   int a[10],i;
    for(i=0;i<10;i++)
        printf("a[%d]=%p\n" ,i,&a[i]);
}
```

程序的运行结果如图 7.1 所示。

在本例中，通过循环逐一输出 a 数组中每一个元素在内存中的存储地址。其中，p 是 C 语言中用于显示变量地址的格式符，&a[i]表示的是 a 数组第 i 个元素的地址。表示数组元素的标识方法为数组名后跟一个下标，下标表示了元素在数组中的顺序号。

C 语言规定只能逐个引用数组中的元素，而不能一次引用整个数组。数组元素的引用非常简单，其一般形式为：

图 7.1　运行结果

数组名[下标]

其中下标只能为整型的常量、变量或表达式。如为小数时，C 编译将自动取整。

例如：

```
a[5]
a[i+j]
a[i++]
```

都是合法的数组元素。

1. 有序地输出数组每一个元素的方法

输出有 10 个元素的数组，必须使用循环语句逐个输出各下标变量：

```
for(i=0; i<10; i++)
        printf("%d",a[i]);
```

而不能用一个语句输出整个数组。

下面的写法是错误的：

```
printf("%d",a);
```

在这里，数组名 a 是一个地址常量，它表示的是该数组在内存中的存储地址，也就是该数组在内存中的入口地址，我们通常称为首地址。

2. 给数组元素赋值的方法

1）键盘输入语句：可以在程序执行过程中，对数组作动态赋值。这时可用循环语句配合 scanf 函数逐个对数组元素赋值。

```
for(i=0; i<10; i++)
    scanf("%d",&a[i]);        /*输入一组任意的数值给数组 a*/
```

2）赋值语句：

```
for(i=0;i<=9;i++)
    a[i]=i*2;                 /*将一组有规律的数给数组 a*/
```

3）两者结合的方法

```
for(i=0; i<10; i++)
    c[i]=getchar();           /*将键盘输入的一串任意字符给数组 c*/
```

【例 7.2】 顺次给数组赋值，倒序输出。

```
main()
{
  int i,a[10];
  for(i=0;i<=9;i++)
     a[i]=i;      /*通过循环，利用赋值语句，给数组中的每一个元素赋值*/
  for(i=9;i>=0;i--)
     printf("%d ",a[i]);
}
```

程序中用到了两个 for 语句，其中，第一个 for 语句用来给数组元素赋初值，第二个 for 语句用来反向输出数组各元素的值。

【例 7.3】 顺次给数组赋奇数值，顺序输出。

```
main()
{
  int i,a[10];
  for(i=0;i<10;)
     a[i++]=2*i+1;
  for(i=0;i<=9;i++)
  printf("%d ",a[i]);
  printf("\n%d %d\n",a[5.2],a[5.8]);
}
```

本例程序将第一个 for 语句中的表达式 3 放到了数组中，在第一个 for 语句中，表达式 3 省略了。在下标变量中使用了表达式 i++，用以修改循环变量。C 语言允许用表达式表示下标。本例中用一个循环语句给 a 数组各元素送入奇数值，然后用第二个循环语句输出各个奇数。程序中最后一个 printf 语句输出了两次 a[5]的值，可以看出当下标不为整数时将自动取整。

7.2.3　一维数组的初始化

在定义数组的时候，并给数组元素赋予初值的方法称为数组的初始化。

数组初始化赋值的一般形式为：

类型说明符　数组名[常量表达式 n]={值 1，值 2，…，值 n}；

其中在{ }中的各数据值即为各元素的初值，各值之间用逗号间隔。

例如：

`int a[10]={ 0,1,2,3,4,5,6,7,8,9 };`

相当于 a[0]=0；a[1]=1；…；a[9]=9；如图 7.2 所示。

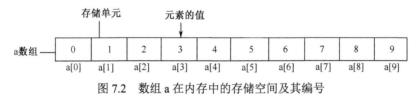

图 7.2　数组 a 在内存中的存储空间及其编号

C 语言对数组的初始化赋值还有以下几点规定：

1. 可以只给部分元素赋初值

当{ }中值的个数少于元素个数时，只给前面部分元素赋值。没有赋初值的元素：对于数值型数组，自动赋初值为 0；对于字符型数组，自动赋初值为空字符。

例如：

`int a[10]={0,1,2,3,4};`

表示只给 a[0]～a[4]5 个元素赋值，而后 5 个元素自动赋 0 值，如图 7.3 所示。

0	1	2	3	4	0	0	0	0	0
a[0]	a[1]	a[2]	a[3]	a[4]	a[5]	a[6]	a[7]	a[8]	a[9]

图 7.3　赋值

`char c[10]={'a', 'b'};`

定义了一个具有 10 个元素的字符型数组 c，并给元素赋初值如下：

c[0]='a', c[1]='b',　c[2]、c[3]、c[4]、…、c[9]均为空字符'\0'。

如图 7.4 所示。

a	b	\0	\0	\0	\0	\0	\0	\0	\0
a[0]	a[1]	a[2]	a[3]	a[4]	a[5]	a[6]	a[7]	a[8]	a[9]

图 7.4　赋值

2. 只能给元素逐个赋值，不能给数组整体赋值

例如给十个元素全部赋 1 值，只能写为：

```
int a[10]={1,1,1,1,1,1,1,1,1,1};
```
而不能写为：
```
int a[10]=1;
```

3. 下标变量通常称为数组元素

使用下标变量前必须先定义数组。如果给全部元素赋值，则在数组说明中，可以不给出数组元素的个数。其长度等于初值表中数组元素的个数。

例如：
```
int a[5]={1,2,3,4,5};
```
可写为：
```
int a[]={1,2,3,4,5};
```
如图 7.5 所示。

1	2	3	4	5
a[0]	a[1]	a[2]	a[3]	a[4]

图 7.5 赋值

7.2.4 一维数组程序举例

【例 7.4】 从键盘输入 10 个整型数据，找出其中的最大值并显示出来。

分析：按要求，数组元素的值由键盘输入，第一个 for 循环从终端给数组元素赋值，注意：在 scanf 函数的调用中，数组元素前要加地址运算符 "&"。第二个 for 循环用来查找数组中最大元素的值。

程序中用变量 max 存放最大值，设其初值为 a 数组中的第一个元素的值 a[0]，然后从第二个元素开始，逐个元素与 max 进行比较，当 max 小于 a 数组中的任何一个元素时，则将这一元素的值放入到变量 max 中。这样可以保证 max 中的值永远保持最大。

```
main()
{
 int i,max,a[10];
 printf("input 10 numbers:\n");
 for(i=0;i<10;i++)
     scanf("%d",&a[i]);          /*依次给 a 数组中的各元素读入数据*/
 max=a[0];                       /*假定 a[0]元素的值最大*/
 for(i=1;i<10;i++)
     if(a[i]>max) max=a[i];      /*若数组元素的值大于 max，则更新 max 的值*/
 printf("maxmum=%d\n",max);
}
```

【例 7.5】 用数组求 Fibonacci 数列问题。要求输出该数列的前 20 项，并且每行输出五个数。

分析：在上一章，我们通过循环语句实现了对 Fibonacci 数列求解的问题。在那一章里，该数列每一项的值没有保存，仅仅只是用于输出，并且在程序中用到了多个迭代。

在本例程序中,我们定义一个 f 数组,共有 20 个元素,并且给第一和第二个元素赋以初值 1,然后从第三项起,以后的每一项都是前两项的和。可以通过构建一个循环,运用表达式 f[i]=f[i-2]+f[i-1](i≥2)来求得第三项以后的每一项的值。

```c
#include "stdio.h"
main()
{
    int i;
    int f[20]={1,1};              /*定义数组 f,并使得 f[0]=f[1]=1*/
    for(i=2;i<20;i++)             /*从第三项起,初始化数组各元素的值*/
        f[i]=f[i-2]+f[i-1];
    for(i=0;i<20;i++)
    {
        if(i%5==0)               /*当 i 是 5 的倍数时,输出换行符*/
            printf("\n");
        printf("%12d",f[i]);
    }
}
```

【例 7.6】 编写程序,定义一个含有 30 个元素的数组,按顺序分别赋整数 1 到 30,然后按每行十个数输出,最后再按每行十个数逆序输出。

分析:按要求,应该定义一个含有 30 个元素的 int 类型的数组,for 循环的循环控制变量既可以用作引用数组元素的下标,又可以用来给数组元素赋值。本例题示例了如何利用 for 循环的循环控制变量,顺序或逆序地逐个引用数组元素,这是一种对数组元素进行操作的基本算法。另外本例题采用了两种不同的方式,示例了在利用循环控制变量来实现连续输出数据的过程中,如何进行换行操作的方法。

程序如下:

```c
main()
{
    int  s[30],i;
    for (i=0;  i<30;i++)
        s[i]=i+1;                      /* 给 s 数组元素依次赋 1 到 30 */
    printf("\nsequence output:\n");    /* 按从前到后的顺序输出 */
    for(i=0;i<30;i++)
    {
        printf("%4d",s[i]);
        if((i+1)%10==0)
            printf("\n");              /* 利用 i 控制换行符的输出 */
    }
    printf("\ninvert output:\n");      /* 按从后到前的顺序输出 */
    for(i=29;i>=0;i--)                 /* 下标值从大到小 */
        printf("%4d%c",s[i],(i%10==0)?'\n':' ');
    /* 利用条件表达式来决定输出换行符还是输出空格*/
```

```
        printf("\n");
    }
```

以上程序输出如下:

```
    Sequence output:
    1   2   3   4   5   6   7   8   9   10
    11  12  13  14  15  16  17  18  19  20
    21  22  23  24  25  26  27  28  29  30
    invert output:
    30  29  28  27  26  25  24  23  22  21
    20  19  18  17  16  15  14  13  12  11
    10  9   8   7   6   5   4   3   2   1
```

【例 7.7】　采用"选择法"对任意输入的 10 个整数按由大到小的顺序排列。

分析:选择法排序的基本思想是:每步从待排序的数据里挑选出值最大(由大到小排列)或最小(由小到大排列)的数据,顺序放在已排序的数据最后,直到全部的数据排序完为止。

假定任意输入的 6 个数据为:52,24,37,16,78,61。设待排序元素的顺序号(下标)为 i,设数组中未排序的最大数的下标为 max。将未排序的 n 个数依次比较,保存最大数的下标位置,当这一趟数据的比较全部完成以后,再将 max 所标定的最大数和待排序的第 i 个数的元素值进行互换。排序的流程如下所示(其中,括号里表示待排序的元素,括号外是已排好序的元素)。

　　输入数据顺序:(52,24,37,16,78,61)
　　　　　　　　　　　i　　　　　　　　max
第一次排序后:78,(24,37,16,52,61)
　　　　　　　　　　　i　　　　　　　max
第二次排序后:78,61,(37,16,52,24)
　　　　　　　　　　　　i　　　　　　max
第三次排序后:78,61,52,(16,37,24)
　　　　　　　　　　　　　i　　　　max
第四次排序后:78,61,52,37,(16,24)
　　　　　　　　　　　　　　　i　max
第五次排序后:78,61,52,37,24,16

程序如下:

```
    main()
    {   int i,j,t,max,b[10];
        for(i=0;i<10;i++)
          scanf("%d",&b[i]);
        for(i=0;i<9;i++)
        {   max=i;
            for(j=i+1;j<10;j++)
                if(b[max]<b[j])  max=j;
```

```
        t=b[i]; b[i]=b[max];b[max]=t;
      }
    for(i=0;i<10;i++)
      printf("%4d",b[i]);
    printf("\n");
  }
```

7.3 字 符 数 组

字符数组是存放字符型数据的数组，其中每个数组元素存放的值均是单个字符。字符数组也有一维数组和多维数组之分。比较常用的是一维字符数组和二维字符数组。

在前面章节中曾介绍过字符串（即字符串常量）。所谓字符串就是指用双引号括起来的若干有效字符序列。在 C 语言中，字符串可以包含字母、数字、转义字符等。

由于 C 语言中没有提供字符串变量（即专门存放字符串的变量），所以，对字符串的处理常常采用字符数组来实现。然而字符串有长有短，对字符串的处理（如测定字符串的实际长度；两个字符串的连接等等）怎样才能方便快捷呢？C 语言规定了一个"字符串结束标志"，以字符'\0'表示。'\0'是指 ASCII 代码为 0 的字符，它是一个不可显示的字符，也是一个"空操作"字符，即不进行任何操作，只作为一个标记。

C 语言中，系统自动地在每一个字符串的最后加入一个字符'\0'，作为字符串的结束标志。所以，字符串的结束标志'\0'也要占据一个字节。

例如，在字符数组 c 中存放字符串"China"，在内存单元中的存放形式如表 7.1 所示。

表 7.1 字符串的存储形式

'C'	'h'	'i'	'n'	'a'	'\0'
c[0]	c[1]	c[2]	c[3]	c[4]	c[5]

7.3.1 字符数组的定义、初始化及引用

1. 字符数组的定义

字符数组的定义形式与前面介绍的数值数组定义方法相同。其格式如下：
```
    类型名 数组名[数组元素个数];
```
其中的"类型名"必须是 char。

例如：
```
    char c[10];
```
定义了一个名为 c 的字符数组，包含 10 个元素。

字符数组的定义、初始化及引用同前面介绍的一维数组类似，只是类型说明符为 char，对字符数组初始化或赋值时，数据使用字符常量或相应的 ASCII 码值。

例如：

```
char  c[10];  //字符数组的定义
```

又如：

```
char  c[3]={'r', 'e', 'd'};  // 字符数组的初始化
printf("%c%c%c\n",c[0],c[1],c[2]);  //字符数组元素的引用
```

字符数组中的每个元素均占一个字节，且以 ASCII 代码的形式来存放字符数据。

2. 字符数组的初始化

（1）以字符常量的形式对字符数组初始化

例如：char s1[6]={'s', 't', 'r', 'i', 'n', 'g'};

也可写成：char s1[ ]={'s', 't', 'r', 'i', 'n', 'g'};

（2）以字符串常量的形式对字符数组初始化

例如：

```
char s2[7]={"string"};
```

也可写成：

```
char s2[ ]="string";
```

说明：以字符串常量的形式对字符数组初始化时，系统会自动地在该字符串的最后加入字符串结束标志'\0'，因此 s2 数组的长度为 7。而以字符常量的形式对字符数组初始化时，系统不会自动地在该数组的最后单元加入'\0'字符，因此 s1 数组的长度为 6。若人为地加入'\0'字符，如

```
char s1[ ]={ 's', 't', 'r', 'i', 'n', 'g', '\0'};
```

则 s1 数组的长度也为 7。

例如：字符数组初始化的例子。

给出以下定义：

```
char x[ ]="abcdefg";
char y[ ]={ 'a', 'b', 'c', 'd', 'e', 'f', 'g'};
```

则正确的叙述为

A. 数组 x 和数组 y 等价　　　　　　B. 数组 x 和数组 y 的长度相同

C. 数组 x 的长度大于数组 y 的长度　　D. 数组 x 的长度小于数组 y 的长度

根据上述说明可知该题应选 C。即数组 x 的长度比数组 y 的长度大 1。

3. 字符数组的输入和输出

字符数组的输入和输出有两种形式。

（1）逐个字符的输入和输出

采用"%c"格式符与一重循环配合来实现逐个字符的输入和输出。

【例 7.8】　将字符数组中字符逐个输入和输出。

程序如下：

```
main()
{ char s[7];
  int i;
```

```
        for(i=0;i<7;i++)
        scanf("%c",&s[i]);
        for(i=0;i<7;i++)
        printf("%c",s[i]);
        printf("\n");
    }
```

程序运行时若由键盘输入：

```
    string<Enter>
```

则输出结果为：

```
    string
```

（2）字符串（即整串）的输入和输出

采用"%s"格式符来实现字符串（整串）的输入和输出。

【例7.9】　将字符数组中字符串（整串）的输入和输出。

程序如下：

```
    main( )
    { char s1[]="How are you!",s2[10];
      scanf("%s",s2);
      printf("%s\n",s1);
      printf("%s\n",s2);
    }
```

程序运行时若由键盘输入：

```
    How do you do! <Enter>
```

则输出结果为：

```
    How are you!
    How
```

说明：因为scanf函数在用"%s"格式符控制的字符串输入时，遇到空格或Tab或回车符就结束，所以程序运行时尽管从键盘输入：How do you do! <Enter>，但是s2字符数组只获得了"How"串。由此可见，采用scanf函数输入字符串时，字符串中不能包含空格。若想使字符串中包含空格，可以使用7.3.2中介绍的gets函数。

 由键盘输入字符串时，其长度不要超出该字符数组定义的范围，同时，还需考虑到'\0'的存储空间。而字符串的长度比字符数组长度短是可行的。

由例7.9可见，欲实现字符串的整串输入、输出，程序只需给出字符串的首地址即可，字符串的结束则由'\0'控制（即字符串的输出遇到'\0'就结束）。而数组名本身就代表该数组的首地址，故程序中常用数组名来提供字符串的首地址。

另外需注意，不能采用赋值语句将一个字符串直接赋给一个数组。例如：char c[10]; c="good"; 是错误的。

7.3.2　字符串处理函数

为了简化用户的程序设计,在C语言的函数库中提供了许多用于字符串处理的函数,这些函数使用起来方便、可靠。用户在程序设计中，可以直接调用这些函数，以减少编程的工作量。下面介绍几个常用的字符串处理函数。

每个字符串函数都带有参数，为了叙述方便，当有一个参数时，用 str 表示；有两个参数时，用 str1，str2 表示。

1. 字符串输入、输出函数

在调用字符串输入、输出函数时，在程序前面通常应设置一个相关的文件包含预处理命令（有关预处理命令将在第 8 章介绍），即

```
#include <stdio.h>
```

（1）字符串输入函数 gets()

gets 函数的调用格式通常为：

```
gets(str);
```

其中，参数 str 为字符串中第一个字符的存放地址，通常为字符数组名，也可以是后几章将要介绍的字符型指针变量。

gets 函数的功能是从键盘输入一个字符串（该字符串中可以包含空格），直至遇到回车符为止，并将该字符串存放到由 str 所指定的数组中（或内存区域）。

（2）字符串输出函数 puts()

puts 函数的调用格式通常为：

```
puts(str);
```

其中，参数 str 的含义同 gets 函数的参数作用。

puts 函数的功能是从 str 指定的地址开始，依次将存储单元中的字符串输出至显示器，直至遇到字符串结束标志为止。

 puts 函数输出完字符串后会自动换行，这是由于系统在遇到'\0'时自动将其转换为'\n'。

【例 7.10】 字符串输入、输出函数应用的例子。

```
#include <stdio.h>
main()
{ char a1[5],a2[5],a3[5],a4[5];
  scanf("%s%s",a1,a2);
  gets(a3);gets(a4);
  puts(a1);puts(a2);
  puts(a3);puts(a4);
}
```

程序运行时若由键盘输入：

```
aa bb<Enter>
cc dd<Enter>
```

则输出结果为：

```
aa
bb
```

```
cc dd
```

根据 scanf 和 gets 这两个函数输入字符串的功能可知：a1 数组存储了"aa"串；a2
数组存储了"bb"串；a3 数组存储了""串（空串）；a4 数组存储了"cc dd"串。然后
利用 puts 函数依次输出这 4 个字符串。

　　　　　该例中的语句 gets(a3);紧随语句 scanf("%s%s",a1,a2);之后而产生的空串
　　　　　效果。

2. 字符串处理函数

在调用字符串处理函数时，在程序前面应设置一个相关的文件包含预处理命令，即：

```
#include <string.h>
```

（1）求字符串长度函数 strlen()

strlen 函数的调用格式通常为：

```
strlen(str);
```

strlen 函数的功能：统计 str 为起始地址的字符串的长度（不包含'\0'），并将其作为
函数值返回。

【例 7.11】　求字符串长度的例子。

```
#include <string.h>
main()
{ char str1[]="\t\v\\\0will\n\0";
  char str2[]="ab\n\012\\\"";
  printf("%d\n",strlen(str1));
  printf("%d\n",strlen(str2));
}
```

程序运行结果为：

```
3
6
```

strlen 函数在测定一个字符串的长度时，遇到第一个'\0'（字符串结束标志）就结束。
但遇到符合'\ddd'的转义字符时（如例 7.11 中的'\012'），系统将按'\ddd'处理，而不看作为
'\0', '1', '2'。因此，例 7.11 中的第 1 个字符串的长度为 3，第 2 个字符串的长度为 6，而
不是 8。

（2）字符串连接函数 strcat( )

strcat 函数的调用格式通常为：

```
strcat(str1, str2);
```

strcat 函数的功能是将 str2 为首地址的字符串连接到 str1 串的后面，且从 str1 串的'\0'
所在单元连接起，即自动覆盖了 str1 串的结束标志'\0'。

说明：① 该函数的返回值为 str1 串的首地址。

② str1 串所在的字符数组要留有足够的空间，以确保两个字符串连接后不出现超界
现象。

③ 参数 str2 既可以为字符数组名、指向字符数组的指针变量，也可以为字符串常量。

【例7.12】 字符串连接的例子。

```
#include "string.h"
main()
{
    char str1[20]="good ",str2[ ]="bye!";
    strcat(str1,str2);
    puts(str1);
    strcat(str1,"2007");
    puts(str1);
}
```

程序运行结果为：

```
good bye!
good bye! 2007
```

（3）字符串复制函数 strcpy( )

strcpy 函数的调用格式通常为：

```
strcpy(str1, str2);
```

strcpy 函数的功能是将 str2 为首地址的字符串复制到 str1 为首地址的字符数组中。

说明：①参数 str2 既可以为字符数组名、指向字符数组的指针变量，也可以为字符串常量。②str1 串所在的字符数组要留有足够的空间，以确保复制字符串后不出现超界现象。

【例7.13】 字符串复制的例子。

```
#include <string.h>
main()
{ char a[7]="abcdef",b[4]="ABC";
  strcpy(a,b); puts(a);
  printf("%c\n",a[5]);
  strcpy(a,"2003");puts(a);
}
```

程序运行结果为：

```
ABC
f
2003
```

 当语句 strcpy(a,b);执行后，a 数组中各个单元的存储内容如表 7.2 所示。因而当执行语句 printf("%c\n",a[5]);后，可输出 f 字符。

表 7.2 a 数组中各个单元的存储内容

'A'	'B'	'C'	'\0'	'e'	'f'	'\0'
a[0]	a[1]	a[2]	a[3]	a[4]	a[5]	a[6]

（4）字符串比较函数 strcmp( )

strcmp 函数的调用格式通常为：

```
strcmp(str1, str2);
```

strcmp 函数的功能：将以 str1 和 str2 为首地址的两个字符串进行比较，比较的结果由函数的返回值决定。即：

当 str1 串与 str2 串相等时，函数的返回值为 0。

当 str1 串>str2 串时，函数的返回值>0，即是一个正整数。

当 str1 串<str2 串时，函数的返回值<0，即是一个负整数。

字符串之间比较的规则是：从第一个字符开始，依次对 str1 和 str2 为首地址的两个字符串中对应位置上的字符按 ASCII 代码的大小进行比较，直至出现第一对不同的字符（包括'\0'）时，即由这两个字符的大小决定其所在串的大小。

说明：① 两个参数 str1 和 str2 既可以为字符数组名、指向字符数组的指针变量，也可以为字符串常量。

② 两个字符串比较结果的函数返回值等于第一对不同字符的 ASCII 代码之差。如"ABC"与"ABE"比较，其函数返回值为–1（即'C', 'E'的 ASCII 代码之差：67-68=-1）。反之，"ABE"与"ABC"比较，则其函数返回值为 1。

③ 注意：对两个字符串比较，不能写成如下形式：

```
if(str1==str2)
```

或

```
if(str1>str2)
```

或

```
if(str1<str2)
```

【例 7.14】　将两个字符串进行比较后，输出大串及比较的函数返回值。

程序如下：

```
#include "string.h"
main()
{ char str1[]="China",str2[]="Chinese";
  int n;
  if((n=strcmp(str1,str2))>0)
    puts(str1);
  else
    puts(str2);
  printf("n=%d\n",n);
}
```

程序运行结果为：

```
Chinese
n=-4
```

7.3.3　字符数组应用举例

【例 7.15】　由键盘任意输入一字符串和一个字符，要求从该串中删除所指定的字符。

```
#include "stdio.h"
main()
```

```
{ char x,s[20];
  int i,j;
  gets(s);
  printf("delete ? \n");
  scanf("%c",&x);
  for(i=j=0;s[i]!='\0';i++)
    if(s[i]!=x)
      s[j++]=s[i];
  s[j]='\0';
  puts(s);
}
```

程序运行时若由键盘输入：

how do you do?

显示屏幕显示：

delete ?

由键盘又输入：

o

则运行结果为：

hw d yu d?

【例7.16】 由键盘任意输入3个字符串，找出其中的最大串。

```
#include "stdio.h"
#include "string.h"
main()
{ char str[20],s1[20],s2[20],s3[20];
  int i;
  gets(s1);
  gets(s2);
  gets(s3);
  if(strcmp(s1,s2)>0)
    strcpy(str,s1);
  else
    strcpy(str,s2);
  if(strcmp(s3,str)>0)
    strcpy(str,s3);
  printf("The largest string is: %s\n",str);
}
```

 本章小结

数组是一些具有相同数据类型的数组元素（即下标变量）的有序集合。

数组分为一维数组和多维数组。实际应用中，使用频度较高的是一维数组和二维数

组。一维数组具有一个下标，其常与一重循环配合，对数组元素依次进行处理。

数组必须先定义，后引用。在定义数组的同时可以对数组进行初始化。引用时只能对数组元素进行引用，不能引用整个数组。引用数组元素时，切记不能超出数组定义的范围。

C 语言没有专用的字符串变量，常采用字符数组来处理字符串。在输入和存储字符串时系统会自动在串尾加入'\0'作为字符串结束标志。

C 语言的函数库提供了许多字符串处理函数，灵活地使用这些函数可以简化程序设计。

 思考与练习

1．选择题

（1）在 C 语言中，引用数组元素时，其数组下标的数据类型允许是（　　　）。

A．整型常量　　　　　　　　　　B．整型常量或整型表达式

C．整型表达式　　　　　　　　　D．任何类型的表达式

（2）以下对一维整型数组 a 的正确说明是（　　　）。

A．int a(10);　　　　　　　　　B．int n=10,a[n];

C．int n; scanf("%d",&n); int a[n];　　D．#define SIZE 10　int a[SIZE];

（3）以下能对一维数组 a 进行正确初始化的语句是（　　　）。

A．int a[10]=(0,0,0,0,0);　　　　B．int a[10]={　　};

C．int a[ ]={0};　　　　　　　　D．int a[10]={10*1};

（4）不是给数组的第一个元素赋值的语句是（　　　）。

A．int a[2]={1};　　　　　　　　B．int a[2]={1*2};

C．int a[2];scanf ("%d",a);　　　　D．a[1]=1;

（5）下面程序的运行结果是（　　　）。

```
main()
{int a[6],i;
  for(i=1;i<6;i++)
{ a[i]=9*(i-2+4*(i>3))%5;
  printf("%2d",a[i]);
}
}
```

A．-4 0 4 0 4　　B．-4 0 4 0 3　　C．-4 0 4 4 3　　D．-4 0 4 4 0

（6）下列定义正确的是（　　　）。

A．static int a[]={1,2,3,4,5}　　　B．int b[]={2,5}

C．int a(10)　　　　　　　　　　D．int 4e[4]

（7）设有 char str[10]，下列语句正确的是（　　　）。

A．scanf("%s",&str);　　　　　　B．printf("%c",str);

C．printf("%s",str[0]);　　　　　　D．printf("%s",str);

（8）假设 array 是一个有 10 个元素的整型数组，则下列写法中正确的是（　　　）。

    A. array[0]=10　　　　　　　　　　B. array=0

    C. array[10]=0　　　　　　　　　　D. array[-1]=0

2．填空题

（1）数组名定名规则和变量名相同，遵循＿＿＿＿＿＿＿＿＿＿定名规则。

（2）对于一维数组的定义"类型说明符　数组名[常量表达式]"，其中常量表达式可以包括＿＿＿＿＿＿＿＿和＿＿＿＿＿＿＿＿，不能包含＿＿＿＿＿＿＿＿。

（3）在 C 语言中，引用数组只能通过＿＿＿＿＿＿＿＿数组元素来实现，而不能通过整体引用＿＿＿＿＿＿＿＿来实现。

（4）在定义数组时对数组元素赋以初值，需要在数组的类型说明符前加关键字＿＿＿＿＿＿＿。

（5）如果要使一个内部数组在定义时每个元素初始化值为 0，但不进行逐个赋值，将其说明成＿＿＿＿＿＿＿＿存储类型即可。

（6）C 语言规定，只有定义为＿＿＿＿＿＿＿＿存储类型和＿＿＿＿＿＿＿＿存储类型的数组才能初始化。

（7）定义变量时，如果对数组元素全部赋初值，则数组长度＿＿＿＿＿＿＿＿。

（8）在 C 语言中，将字符串作为＿＿＿＿＿＿＿＿处理。

3．阅读下列程序，指出运行结果

（1）下列程序的运行结果是＿＿＿＿＿＿＿。

```
main()
{ int i,test,p[17],head;
 for(i=0;i<16;i++)
   p[i]=i+1;
 p[16]=0;
 test=0;
 while(test!=p[test])
 {
  for(i=1;i<3;i++)
   { head=test;
    test=p[head];}
    p[head]=p[head];
   }
   printf("\n%5d",test);
}
```

（2）下列程序的运行结果是＿＿＿＿＿＿＿。

```
main()
{ int  a[21],i,j,n=0;
  for(i=2;i<20;i++ )
a[i]=i;
for ( i=2;i<10;i++ )
```

```
{if (a[i]==0) continue;
  for (j=i+1;j<=20;j++)
   if (a[j]%a[i]==0) a[j]=0;}
  for ( i=2;i<=20;i++ )
   if (a[i]!=0) { printf("%4d",a[i]); n=n+1;}
if (n%4==0) printf("\n");
}
```

（3）下面程序的运行结果是：_____。

```
main()
{   char str[ ]={"a1b2c3d4e5"},i,s=0;
  for(i=0;str[i]!='\0';i++)
  if(str[i]>='a'&&str[i]<='z')
  printf("%c\n",str[i]);
  printf("\n");
}
```

4. 编写解决以下问题的 C 语言程序

（1）编一程序，从键盘输入 10 个整数并保存到数组，求出该 10 个整数的最大值、最小值及平均值。

（2）不调用库函数，实现字符串连接功能。

（3）用%s 控制输入一个数字字符串，将其转换为整数并用%d 输出。例如输入字符串"124"，输出整数 124。

 实训七　数组的应用

一、实训目的

1）掌握一维数组的定义、初始化及引用。
2）掌握一维数组的编程应用。
3）掌握字符数组的定义、初始化及其使用方法。
4）熟悉常用的字符串操作函数，了解字符数组和字符串的存储方式。

二、预习知识

1）一维数组的定义、初始化及引用。
2）字符数组的定义、初始化及其使用方法。
3）字符串操作函数的使用。

三、知识要点

1）利用循环访问一维数组的元素。
2）字符串的操作实现。

四、实训内容与步骤

熟悉 C 程序中一维数组和字符串的使用。

1．模仿实验

（1）编一程序，从键盘输入 10 个整数并保存到数组，要求找出最小的数。

分析：仿照例 7.4 求最大值的方法求最小值。定义数组 a 含有 10 个整数，通过键盘对它们赋值。设 min 为存放最小值变量，其初始值为 a[0]。再用 min 顺次的和 a[1]-a[9] 元素进行比较，一旦找到比 min 小的数，对 min 刷新。循环结束，min 即为数组中最小的数。

（2）编一程序，从键盘输入 10 个实数并保存到数组，要求求出它们的平均值。

分析：定义数组 a 含有 10 个实数，通过键盘对它们赋值。设 sum 和 ave 分别为和变量及平均值变量，其中 sum 要初始化为 0。利用循环访问数组中的每个元素，把它们的值依此加到 sum 中。最后利用语句 ave=sum/10；得到平均值。

2．编程

（1）定义一个含有 30 个整型元素的数组，按顺序分别赋予从 2 开始的偶数；然后按顺序每 10 个数一行输出。

（2）定义一个含有 10 个整数的数组，通过键盘对它们赋值。然后任意的输入一个整数 n，要求输出该数组中第 n 个数的值。

五、实训要求及总结

1．结合上课内容，对上述程序先阅读，然后上机并调试程序，并对实验结果写出你自己的分析结论。

2．整理上机步骤，总结经验和体会。

3．完成实验报告和上交程序。

函数与编译预处理

知识目标

- 掌握函数的概念、定义和调用方法。
- 理解函数参数传递的方法：值传递和地址传递。掌握函数参数值传递的过程，并能够灵活运用。这里重点学习值传递，在第 9 章中，将进一步学习地址传递。
- 掌握将数组作为函数参数。
- 理解变量的作用域与生存期的概念，能够理解全局变量、局部变量、静态变量的概念和用法。
- 掌握无参宏与有参宏的定义与用法。

技能目标

- 熟悉多模块程序设计的概念，掌握函数定义的一般形式、函数的参数以及函数值的传递、函数的返回值、函数调用的一般形式、函数的声明及函数的原型，了解函数的调用（嵌套调用、递归调用），使学生可以把以前学习过的功能写成相应的函数。
- 掌握数组元素和数据名作为函数参数的应用，其中数组元素作为函数参数与普通变量作为函数参数的使用方法相同，而数据名作为函数参数，由于形参数组与实参数组占用同一段内存空间，可以传递多个值，且形参的改变可以影响实参。
- 掌握宏名和宏体、宏定义和宏替换的相关概念，理解无参宏的定义，带参数的宏定义在宏展开时的替换方式，明白宏定义的嵌套。
- 了解多文件编译原理，掌握编译预处理的含义，文件包含的处理过程，条件语句与条件编译的区别，理解局部变量、全局变量、动态存储变量和静态存储变量的存储类别，明白变量作用域和生存期的概念。

C 语言支持结构化的程序设计，结构化的程序就是由函数组成的，所以，要把函数掌握好。本章有些内容有难度，需要多练、多体会和思考，才能完全掌握。一定要把函数参数的传递过程搞清楚，这也有助于对指针等概念的理解。

8.1 函数基本概念

8.1.1 函数概述

人们在求解一个复杂问题的时候，通常采用逐步分解、分而治之的方法。也就是把一个大问题分解为几个比较容易求解的小问题，然后分别求解。程序员在设计一个复杂的应用程序时，往往也是把整个程序划分为若干个功能较为单一的程序模块，然后分别予以实现，最后再把所有的程序模块像搭积木一样搭起来，这种在程序设计中分而治之的策略，被称为模块化程序设计方法。

在 C 语言中，这些模块就是一个个的函数。函数的本质有两点：

1) 函数由能完成特定任务的独立程序代码块组成，如有必要，也可调用其他函数，来产生最终的输出。

2) 函数内部工作对程序的其余部分是不可见的。

函数是 C 语言的核心，而所有的函数在定义时是平等关系（包括主函数 main 在内），所谓平等是指：在一个函数的函数体内，不能再定义另一个函数，即不能嵌套定义。这与其他语言的子程序关系十分不同。这叫做"函数定义的外部性"。

函数之间允许调用，也允许嵌套调用，甚至可以自己调用自己（称为递归调用）。但是，对主函数 main 函数而言，可以调用其他函数，而不能被其他函数调用。C 程序的执行总是从 main 函数开始，完成对其他函数调用后再返回到 main 函数，最后由 main 函数结束整个程序。一个 C 源程序有且只能有一个主函数 main，关系如图 8.1 所示。

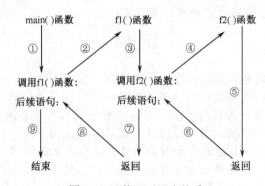

图 8.1 函数调用层次关系

8.1.2 函数的分类

1. 根据来源分类

（1）库函数

库函数由系统提供，无须用户定义，也不必在程序中作类型说明，但必须在程序最前面使用包含有该函数原型的头文件。

库函数如：printf、scanf、getchar、putchar。

（2）用户定义函数

由用户自己编写的函数。它不仅要在程序中定义，而且必须在调用它的函数模块中进行类型说明。

2. 根据返回值分类

有返回值函数：函数被调用执行完后将向调用者返回一个执行结果，称为函数返回值。如数学函数即属于此类函数。用户定义的有返回值的函数，必须在函数定义和函数说明中明确返回值的类型。

无返回值函数：执行完成后不向调用者返回函数值。这类函数类似于其他语言的过程。由于函数无返回值，在定义时可指定它为"空类型"，空类型的说明符为"void"。

3. 根据参数传递分类

（1）无参函数

此类函数在定义、说明及调用中均不带参数。主调函数与被调函数之间不进行参数传递，此类函数通常用来完成一组特定的功能，可以返回或不返回函数值。

（2）有参函数

调用函数与被调函数之间有数据传送。则此类函数在定义、说明及调用中均带参数，称形式参数（简称形参）。在函数调用时也必须给出参数，称为实际参数（简称实参）。进行函数调用时，主调函数将把实参的值传递给形参，供被调函数使用。

8.2 函数的定义与调用

8.2.1 函数的定义

C 语言中的所有函数与变量一样，在使用之前必须定义。函数定义的一般形式如下：

```
返回类型 函数名（参数表列）
{
        语句系列
        return 合适类型数值
}
```

函数的定义包括函数名、参数表列、返回类型和函数体四部分。

1. 函数名

一个符合 C 语言语法要求的标识符，定义函数名与定义变量名的规则是一样的，但应尽量避免用下划线开头，因为编译器常常定义一些下划线开头的变量或函数。函数名应尽可能反映函数的功能，它常常由几个单词组成。

如求最大值函数可用 max 作为函数名，而求最小值函数可用 min 作为函数名。

2. 参数表列

0 个或多个变量，用于向函数传送数值或从函数带回数值，每一个参数都有自己的类型，它不同于变量定义，因为几个变量可以定义在一起。如果参数表列中参数个数为 0，我们称之为无参函数，无参函数可以定义为：

```
返回类型  函数名(){…}
```

3. 返回类型

有的函数在运行结束时，要将运行结果返回给调用函数，成为函数的返回值。其由 return 语句返回，其中作为返回值的变量或表达式可以用圆括号括住，也可以省略圆括号。如果函数没有返回值，返回类型应为 void。

4. 函数体

花括号中的语句称为函数体，是函数实现处理特定功能的语句集合，其形式与 main 函数完全相同。

下面我们看一个具体的函数定义的例子：

【例 8.1】 求两个整数的最大值。

```
int max(int a,int b)
{
  if(a>b) return a;    /*比较 a 和 b 的大小，将值大的返回给主调函数*/
  else  return b;
}
```

第一行 max 前面的 int 说明函数的返回值是一个整数，形参 a、b 也均是整型变量。a、b 的具体值由主调函数在调用时传递。函数体中的 return 语句是把 a、b 的最大值作为函数值返回给主调函数。

【例 8.2】 无参函数。

```
void Hello()
{
  printf("Hello,world");
}
```

这里 Hello 函数是一个无参函数，当被其他函数调用时，输出 Hello world 字符串。

8.2.2　函数的调用

C 程序不能直接执行一个函数中的语句，必须通过函数调用来实现控制转移和相互间的数据传送。当调用一个函数时，调用者可以给被调用函数传送一个或多个实参。实参是被调函数完成其功能所需的数据。

函数调用的一般形式是：

函数名(实参表)

其中，实参表中实参的个数、出现的顺序和实参的类型一般应与函数定义中形参表的设计相同。如果函数定义中没有形参，那么函数调用中也没有实参，即实参表为空。但应注意，函数名后面的圆括号不能缺省。当实参表中有多个实参时，各个实参之间要以逗号分开。

【例 8.3】　求两个整数的最大值。

```c
int max(int a,int b)
{
  if(a>b) return a;    /*比较 a 和 b 的大小，将值大的返回给主调函数*/
  else  return b;
}
 main()
{   int  a,  b,  d;
 printf("input a and b:");
 scanf("%d %d", &a, &b);
 d=max(a, b);                         /*函数调用*/
 printf("max  is: %d", d);
 }
```

输入

```
105 821<Enter>
```

输出结果为：

```
max is 821
```

函数的调用方式有：函数表达式、函数语句和函数参数三种形式。

1.　函数表达式

函数作为表达式的一项出现在表达式中，以函数返回值参与表达式的运算。这种方式要求函数有返回值。例如：

```c
z=max(x,y)*8;
```

2.　函数语句

函数调用的一般形式加上分号即构成函数语句。例如：

```c
max(x,y);
```

3. 函数参数

函数作为另一个函数的实际参数出现，是把该函数的返回值作为实参传递给调用函数，因此要求该函数必须有返回值。例如：

```
printf("%d",max(x,y));
```

是把 max 函数的返回值作为 printf 函数的实参来使用。

8.2.3　函数声明

在函数调用时，需要对被调用函数进行说明。进行说明时应注意：

1）在调用系统函数时，需要用包含命令#include "头文件.h" 将定义系统函数的库文件包含在本程序中，有关包含命令的相关知识在 8.6.2 节中将详细介绍。

2）如果调用函数和被调用函数在一个编译单元中，则在书写顺序上被调用函数比调用函数先出现，如例 8.3；或者被调用函数虽然在调用函数之后出现，而被调用函数的类型是整型或字符型，可以不对被调用函数加以声明。除了上述两种情况外，都要对被调用函数加以声明。

函数声明的位置一般在调用函数定义的前面，格式为：

　　　　函数类型　被调用函数名（形参类型 1，形参类型 2,…）；

或

　　　　函数类型　被调用函数名（形参类型 1 形参 1，形参类型 2 形参 2,…）；

【例 8.4】　求两个整数的最大值。

```
int max(int a,int b);                  /*函数声明*/
main()
{   int  a, b, d;
    printf("input a and b:");
    scanf("%d %d", &a, &b);
    d=max(a, b);                       /*函数调用*/
    printf("max  is: %d", d);
}
    int max(int a,int b)
{
    if(a>b) return a;     /*比较 a 和 b 的大小，将值大的返回给主调函数*/
    else  return b;
}
```

由于被调函数 max 在主调函数 main 的后面，则需要进行函数声明，也可写成：

```
int max(int ,int);
```

8.3 函数间的参数传递

函数间的参数传递方式主要有四种：值传递、地址传递、返回值和全局变量传递方式。其中，前两种方式是利用函数的参数来传递数据的，这里重点讲解值传递，地址传递在第 9 章中讲解。

1. 形参和实参的概念

形参出现在函数定义中，在整个函数体内都可以使用，离开该函数则不能使用。实参出现在主调函数中，进入被调函数后，实参也不能使用。形参和实参两者相互配合进行数据传递。发生函数调用时，主调函数把实参的值传递给被调函数的形参，从而实现主调函数向被调函数的数据传递。

【例 8.5】 求 m 个自然数之和。

```
int sum(int m)
{
    int i;
    for(i=m-1;i>=1;i--)
        m=m+i;
    printf("sum=%d\n",m);
}
main()
{
    int m,n;
    printf("please input number:\n");
    scanf("%d",&m);         /*输入自然数的个数 m 的值*/
    n=sum(m);               /*调用 sum 函数求自然数的和*/
    printf("m=%d\n",n);
}
```

运行结果为：

```
please input number:
200<Enter>
m=20100
```

函数 sum 用来实现自然数求和。程序执行时，在主函数中输入 m 的值，并作为实参在调用时传递给 sum 函数的形参 m。要提醒大家，本例的形参和实参标识名都为 m，但这是两个不同的量，各自的作用域是不同的。在主函数中用 scanf 语句输入的 200 为实参的值，把此值传递给函数 sum，形参 m 的初始值也为 200。在执行函数过程中，形参 m 的值变成 20100。但是在返回主函数之后，实参 m 的值仍为 200。可见实参的值不随形参的变化而变化。

2. 形参和实参的特点

1）实参可以是常量、变量、表达式和函数等。无论定义的实参是何种类型，在进行函数调用时，他们都必须具有确定的值。

2）形参变量只有在被调用时系统才会为其分配内存单元，在调用结束后，随即释放所分配的内存空间。因此，形参只在函数内部有效。

3）值传递过程中发生的数据传递是单向的。即只能把实参的值传递给形参，而不能把形参的值反向传递给实参。因此在函数调用过程中，形参的值发生改变，而实参中的值不会改变。下面的例子将再次说明实参的值不随形参的变化而变化：

【例 8.6】 两个数交换不能用值传递完成。

```c
void swap(int a, int b)
{
    int t;
    printf("(2)a=%d   b=%d\n", a, b);
    t=a;a=b;b=t;
    printf("(3)a=%d   b=%d\n", a, b);
}
main()
{   int x=10,y=20;
    printf("(1)x=%d   y=%d\n", x, y);
    swap(x, y);
    printf("(4)x=%d   y=%d\n", x, y);
}
```

程序运行结果如下：

```
(1)x=10    y=20
(2)a=10    b=20
(3)a=20    b=10
(4)x=10    y=20
```

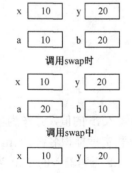

图 8.2　实参和形参值的变化

函数调用过程中，实参 x、y 和形参 a、b 的值的变化如图 8.2 所示。要利用函数做到两个数的交换，只能通过地址传递来完成，将在第 9 章中进行讲解。

3. 用 return 语句返回函数的值

函数的值是指函数被调用之后，执行函数体中的程序段所取得的并返回给主调函数的值。对函数的返回值归纳起来有以下几点说明：

1）要想返回函数的值，只能通过 return 语句来实现。return 语句的一般形式为：

```
return 表达式；
```

或者为：

```
return （表达式）；
```

return 语句的功能是计算表达式的值，并返回给主调函数。在函数中允许有多个 return 语句，但每次调用只能有一个 return 语句被执行，因此只能返回一个返回值。

2）函数值的类型和函数定义中说明的函数类型应保持一致，如果两者不一致，则以函数类型为准，自动进行类型转换。

3）为了使程序有良好的可读性并减少出错，凡不要求返回值的函数都应定义为空类型（void）。

8.4 数组作为函数参数

前面已经介绍了可以用变量作函数参数，此外，数组元素也可以做函数参数，其用法与变量相同。数组名也可以作实参和形参，传递的是整个数组。

1. 数组元素作为函数实参

数组元素作为函数的参数，传递的是数组元素的值。数组元素作为函数参数同常量、变量或其他表达式作为函数参数时的情形一样。

【例 8.7】 求三个数的最大值。

```
int max(int,int);         /* 函数声明 */
main()
{
    int a[3],i,m;         /* 定义了一个数组 a */
    for(i=0;i<3;i++)
    scanf("%d",&a[i]);    /* 输入数组 a 各元素的值 */
    m=max(a[0],a[1]);
    m=max(m,a[2]);
    printf("max=%d\n",m);
}
    int max(int a,int b)     /* 函数的功能为求两个整数的最大值 */
{
    return(a>b?a:b);
}
```

运行结果如下所示：

```
38 12 68<Enter>
max=68
```

2. 数组名作为函数参数

可以用数组名作为函数参数，此时实参和形参都应用数组名，传递的是数组的起始地址。

【例 8.8】 有一个一维数组 score，内放 10 个学生的分数，求平均成绩。

```c
#define N 10
float average(float arr[]); /* 函数声明 */
main()
{
    float score[N],avg; /* avg 为平均分变量 */
    int i;
    printf("please input number:\n");
    for(i=0;i<N;i++)
    scanf("%f",&score[i]);
    avg=average(score);
    printf("ave=%f\n",avg);
}
float average(float arr[N])  /* 函数的功能为求数组元素的平均值*/
{
    int i;
    float sum=0.0,aver;
    for(i=0;i<N;i++)
    sum=sum+arr[i];    /* 求总分 */
    aver=sum/N;        /* 求平均分 */
    return(aver);
}
```

运行结果如下所示：

```
please input number:
98.5  77.5  89  65  86  90.5  66  89  67  87<Enter>
ave=81.55
```

说明：1）用数组名做函数参数，应该在主调函数和被调函数分别定义数组，例中 arr 是形参数组名，score 是实参数组名，分别在其所在函数中定义，不能只在一方定义。

2）实参数组和形参数组类型应保持一致，例中都为 float 类型，如不一致，结果将出错。

3）在被调用函数中声明的数组大小是不起任何作用的。因为 C 编译系统对形参数组大小不作检查，形参数组名只代表一个地址，所以形参数组可以不指定大小，在定义数组时在数组名后面跟一个空的方括号。

4）用数组作函数参数时，不是把数组的值传递给形参数组，而是把实参数组的起始地址传递给形参数组，也就是说，形参数组并不在内存中重新申请数组的空间，而是和实参数组共占存储单元。所以，形参数组中各元素的值如发生改变会使实参数组的值同样发生改变。在程序设计中可以有意识的利用这一特点改变实参数组的值。

8.5　变量的存储类别、作用域、生存期

在 C 语言中，变量有效的范围（称为变量的作用域）和被存储的时间（称为变量的存储期或生存期）都是不同的。如果按变量的作用域来分类的话，变量可以分为局部变量和全局变量；如果按变量的存储期来分类的话，变量可以分为外部变量、静态变量、自动变量、寄存器变量。下面对各种类型的变量分别进行介绍。

8.5.1　作用域的概念

在 C 语言中变量、函数的作用域是不同的，在函数外定义的变量，具有全局的作用域，这些变量称之为全局变量。

在讨论函数形参变量时曾经提到：形参变量只在被调用期间才分配内存单元，调用结束则立即释放。这一点表明形参变量只有在函数内才是有效的，离开该函数就不能再使用了。不仅对于形参变量，C 语言中所有的变量都有自己的有效范围。变量有效的范围，称之为变量的作用域。变量说明的方式不同，其作用域也不同。C 语言中的变量，按作用域范围可分为两种，即局部变量和全局变量。

例如：

```
int year = 1994; // 全局变量
```

未被初始化的全局变量，系统自动初始化为 0。

把一些 C 语言语句，我们由一对花括号括起来，称之为语句块或块，在块中定义的变量作用域在块内，称之为局部作用域，在局部作用域中定义的变量称之为局部变量。例如，在函数和在一个复合语句中定义的变量都是局部变量。函数形参的作用域在函数内，也是局部变量。局部变量只在局部作用域内有效，我们称之为可见，离开了其所在的局部作用域便无效，或称之为不可见。

在同一个作用域内，变量不能同名，否则，程序编译时，编译器会给出变量重复定义的错误。不同的作用域内，变量同名不会出现语法问题，但可能会使某些变量不能访问。例如：

```
int xyz; // xyz 是全局变量
void Foo (int xyz) // xyz 是 Foo 函数中的形参，是一个局部变量
{
  if (xyz > 0) {
    double xyz; // xyz 是 if 语句块中的局部变量
    ...
  }
}
```

上面的程序段中有三个作用域，全局作用域及两个局部作用域，且 if 语句块作用域嵌套在 Foo 函数作用域内。在 if 语句块内，访问不到 Foo 函数中的 xyz 变量，这说明内

部作用域会覆盖外部作用域。

8.5.2　局部变量和全局变量

我们已经知道了什么叫全局变量，什么叫局部变量。一个应用程序可能包含多个源文件，而一个源文件可能包含多个函数。一般说来，全局变量的作用范围是定义点起至文件结束为止，局部变量的作用范围是从定义点起至该局部变量所在块的尾部为止。变量的存储期也限制在其作用域内。例如：全局变量的存储期与应用程序的生存期相同，局部变量是在进入作用域时创建，而在退出作用域时被销毁。

1.　局部变量

由于局部变量的存储期是在其所在的局部作用域内，其内存也是由系统自动分配的，所以，它也被称为自动变量。可以用一个关键字 auto 显式指定一个变量是自动变量。例如：

```
void Foo (void)
{
    auto int xyz; // 等价于 int xyz;
    ...
}
```

一般说来，我们很少使用 auto 关键字。因为 C 语言中，局部变量默认为自动变量。

我们已经知道，变量是存放在内存中。如果程序对一些频繁使用的变量（如循环变量），要求更高的访问效率，可以把这些变量保存在寄存器中，保存在寄存器中的变量，我们也称之为寄存器变量。

寄存器变量也是局部变量，定义寄存器变量需要用 register 关键字，例如：

```
for (register int i = 0; i < n; ++i)
    sum += i;
```

需要注意的是：有时我们用 register 关键字定义了寄存器变量，编译器也可能不把该变量放在寄存器中，而放在内存中。因为机器的寄存器个数是有限的，当申请寄器存放变量时，可能所有的寄存器都在被使用中。

局部变量也称为内部变量。局部变量可以在函数内或者是复合语句内定义，其作用域仅限于被定义的函数内或复合语句内。

```
int f1(int a) //函数 f1
{
  int b,c;
}//a,b,c 作用域
  int f2(int x) //函数 f2
{
  int y,z;
}//x,y,z 作用域
  void main()
```

```
{
    int m,n;
}//m,n 作用域
```

在函数 f1 内定义了三个变量，a 为形参，b、c 为一般变量。在 f1 的范围内 a、b、c 有效，或者说 a、b、c 变量的作用域限于 f1 内。同理，x、y、z 的作用域限于 f2 内，m、n 的作用域限于 main 函数内。

主函数中定义的变量也只能在主函数中使用，不能在其他函数中使用。同时，主函数中也不能使用其他函数中定义的变量。因为主函数也是一个函数，它与其他函数是平行关系（不过 main 函数只能被系统调用，而不能被其他的函数调用）。

允许在不同的函数中使用相同的变量名，因为它们分配不同的存储单元，互不干扰，也不会发生混淆。

2. 全局变量

我们知道，全局变量是在函数和类外定义的，所以也称之为外部变量。全局变量一旦定义，从定义点开始至文件结束的所有函数都可以使用该变量。

一般情况下，把全局变量的定义放在引用它的所有函数之前。但是，如果在全局变量定义点之前的函数要引用该全局变量或另一个源文件中的函数要引用该全局变量，需要在函数内对要引用的全局变量加 extern 说明。

【例 8.9】　求两个整数的最大值。

```
int max(int x, int y);
main()
{
    extern int a, b; //全局变量说明，而非定义
    printf("%d\n", max(a, b));
}
int a = 13, b = -8;
int max(int x, int y)
{
    int z;
    z = x > y ? x : y;
    return z;
}
```

运行结果：

```
13
```

用 extern 说明全局变量的时候，不能给初值。

例如：

```
extern int size = 10; // 不再是说明！
```

因为这会使得 size 变成变量的定义，而不是说明，编译器会为它分配内存。如果别

的地方定义了全局变量 size，该程序在编译时，编译器会给出变量重复定义的错误。

使用全局变量，在我们编程中，有时会带来一些方便。但是，它也有许多副作用：在程序的整个执行过程中始终占用内存空间，使程序的可读性、通用性和可移植性降低等，建议不在必要时，不使用全局变量。

8.5.3 静态变量

如果在变量的定义前加上 static 关键字，就定义了静态变量。

静态变量与全局变量具有相同的存储期，它们均与应用程序的生存期相同。但是，静态的全局变量只能在定义该全局变量的文件中访问，静态的局部变量只能在定义该局部变量的局部作用域中访问。

静态变量这种特性是有用的，如果我们需要某些全局变量只在本文件中访问，就可以把它们定义为静态的，这也可以减少了不同文件中定义的同名的全局变量而发生冲突的可能性，从而提高了程序的可移植性。

static 关键字不仅可以放在变量的定义前，也可以放在函数的定义前。在全局函数的定义前加上了 static 关键字，就称为静态全局函数。例如：

```
static int shortestRoute; // 静态全局变量
```

在同一源文件中，允许全局变量和局部变量同名。在局部变量的作用域内，全局变量不可见。

当一个程序由多个源文件组成时，非静态的全局变量在各个源文件中都是有效的。而静态全局变量则限制了其作用域，即只在定义该静态变量的源文件内有效，而在其他源文件中不能使用它。

静态局部变量的特性也是很有用的。例如，假定我们在一个函数中定义了一个局部变量，需要该局部变量在函数退出时并不释放，下一次进入该函数时，局部变量原来的值还存在，我们就可以把该局部变量定义为静态的。

【例 8.10】 静态局部变量的应用。

```
void func()
{
  static int i = 0;
  printf("i=%d ",++i);
}
void main()
{
  for(int x=0; x<5; x++)
  func();
}
```

本程序的运行结果为：

```
i=1 i=2 i=3 i=4 i=5
```

8.6 编译预处理

在前面各章中，已多次使用过以"#"号开头的预处理命令。如包含命令#include，宏定义命令#define 等。在源程序中这些命令都放在函数之外，而且一般都放在源文件的前面，它们称为预处理部分。

所谓预处理是指在进行编译的第一遍扫描(词法扫描和语法分析)之前所作的工作。预处理是 C 语言的一个重要功能，它由预处理程序负责完成。当对一个源文件进行编译时，系统将自动引用预处理程序对源程序中的预处理部分做处理，处理完毕自动进入对源程序的编译。

C 语言提供了多种预处理功能，如宏定义、文件包含、条件编译等。合理地使用预处理功能编写的程序便于阅读、修改、移植和调试，也有利于模块化程序设计。本章介绍常用的几种预处理功能。

8.6.1 宏定义

宏定义的作用是用标识符来代表一个字符串，即给字符串取名。C 语言中用#define 开头的命令对一字符串命名，这就是宏定义。C 编译系统在编译之前将这些标识符替换成所定义的这串字符。因此宏定义命令属于编译预处理命令。

宏定义分不带参数的宏定义和带参数的宏定义。

1. 不带参数的宏定义

（1）不带参数的宏定义的一般格式为：

```
#define 标识符    字符串
```

标识符称为这串字符的宏名，在程序中用宏名替代字符串称为宏调用。预编译时将字符串替换宏名的过程称为宏展开。

例如：

```
#define  PI  3.1415926
```

这里的 PI 就是宏名，它代表字符串 3.1415926，预编译时将源程序中所有宏名 PI 出现的位置用字符串 3.1415926 来替换。

（2）对宏定义的几点说明：

1）宏名一般用大写字母表示，以便与普通变量相区别。

2）#与 define 间一般不留空格，宏名两侧必须至少用一个（可以多个）空格分隔。

3）宏定义字符串后不能以分号结尾，否则分号将作为字符串的一部分参加宏展开，造成编译时出错。

4）宏定义用宏名代替一个字符串，并不管它的数据类型是什么，也不管词法和语法是否正确，只作简单的替换。例如：

```
#define  PI 3.14I5926
```

即在宏定义时将数字 1 误写成字母 I，预处理时照样代入，只有在编译时经宏展开后的源程序时才会发现错误。

5）#define 命令定义的宏名作用范围是从定义命令开始直到源程序文件结束，一般情况下，#define 总是定义在文件开头，函数之间。还可以在程序中通过#undef 终止宏名的作用域。

6）宏定义中，可以出现已定义的宏名，还可以层层置换。

7）若宏名出现在一个被双引号括起来的字符串中时，将不会产生宏替换。

8）宏定义是专用于预处理的一个名词，它与定义变量含义不同，只用字符简单替换，不分配内存空间。

【例 8.11】　宏定义的层层置换。

```
#define R  3.0
#define PI 3.1415926
#define L  2*PI*R
#define S  PI*R*R
main()
{
    printf("L=%7.2f\nS=%7.2f\n",L,S);
}
```

运行结果：

```
L=18.85
S=28.27
```

经过宏展开后，printf 函数中的输出项 L 被展开成 2*3.1415926*3.0，S 展开成 3.1415926*3.0*3.0，双引号内的 L、S 不做替换。

2. 带参数的宏定义

带参数的宏定义不是进行简单的字符串替换，而是进行参数替换。带参数的宏定义一般形式为：

```
#define  宏名（参数表） 字符串
```

例如：

```
#define S(a,b)   a*b
area=S(3,2);
```

这里 S 为宏名，a 和 b 为形式参数；程序中调用 S(3,2)时，把实参 3 与 2 分别代替形参 a 与 b，因此，赋值语句宏展开为：

```
area=3*2;
```

对带参的宏定义展开规则如下：在程序中如果有带实参的宏（如 S(3,2)），则按#define 命令行中指定的字符串从左到右进行置转，如果串中包含宏中的形参（如 a,b），则将程序语句中相应的实参（可以是常量、变量或表达式）代替形参，其他字符则原样保留，这样就形成了替换后的字符串。

【例 8.12】 用带参数的宏定义求两数中的大数并输出。

```
#define  MAX(a,b)  (a>b)?a:b
main()
{
  int i,j;
  i=15;
  j=20;
  printf("MAX=%d\n",MAX(i,j));
  }
```

运行结果：

```
MAX=20
```

该程序在编译前，表达式 MAX（i,j）被定义的字符串所替换，其中的 i 和 j 作为实参替换字符串中对应的形参 a 和 b，其他符号不变。printf 语句经宏展开成：

```
printf("MAX=%d\n", (i>j) ?i:j);
```

对带参宏定义的几点说明：

1）对带参数的宏的展开只是将语句中的实参形式代替#define 命令行中的形参出现的位置。但如果有以下语句：

```
area=S(a+b,c+d);
```

这时把实参表达式 a+b 和 c+d 分别代替形参 a 和 b 展开后成为

```
area=a+b*c+d;
```

请注意 a+b 外面没有括号，本语句在编译时没有语法错误，但计算结果与设计者的意愿不符，设计者希望得到：

```
area=(a+b)*(c+d);
```

为了得到这个结果，应当在宏定义时，在字符串中将形参用括号括起来，宏展开时括号作为其他字符原样置换到表达式中。即

```
#define  S(a,b)   (a)*(b)
```

2）参数的宏定义时，在宏名和参数间不应留空格，否则将空格以后的字符串作为替代字符串的一部分。例如：

```
#define  S  (r)  PI*r*r
```

C 语言将 S 视为不带参的宏名，它代表字符串"(r) PI*r*r"，显然展开后将出现语法错误。

带参数的宏定义在程序中使用时，它的形式和特性与函数相似，那么，带参数的宏与函数相同吗？不同，就功能而言两者确有类似之处，但它们在本质上完全不同，其区别在于以下三点：

1）函数调用时，先求出实参表达式的值，再将该值传递给形式参数。而带参的宏只进行简单的字符置换。

2）函数调用是在程序运行时处理的，分配给形参临时内存单元。而宏展开则在编译时进行的，展开时并不给形参分配内存单元，不进行"值传递"，也没有"返回值"。

3）在函数中使用的实参与形参都要定义类型，而且两者类型要求一致，如不一致，

需进行类型转换。宏不存在参数的类型问题，它只是一个符号而已，展开后的表达式类型随实参类型的不同，呈现出不同的数据类型。

8.6.2 文件包含

"文件包含"是指一个 C 源文件可以用文件包含命令将另一 C 源文件的全部内容包含进来。C 语言提供#include 命令实现"文件包含"操作。其一般形式为：

        #include "文件名"
或

        #include <文件名>

图 8.3 表达了"文件包含"的含意，图 8.3(a)表示文件 file1.c，它有一个#include "file2.c"命令，后面还包含其他内容以 A 表示。图 8.3(b)为文件 file2.c，其全部内容以 B 表示。在编译预处理时，将 file2.c 的内容插入到#include "file2.c"命令处，得到图 8.3(c)所示的结果。在编译中，将"包含"以后的 file2.c 作为一个源文件单位进行编译。

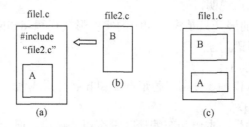

图 8.3 文件包含

#include 命令行应书写在所用文件的开头，故有时也把包含文件称为"头文件"，常以"h"为后缀，如"stdio.h"文件。事实上包含文件可以不用"h"作为后缀，而为"c"作为后缀，或者没有后缀也是可以的，用"h"更能体现文件的性质。

对文件包含命令还要说明以下几点：

1）包含命令中的文件名可以用双引号括起来，也可以用尖括号括起来。例如以下写法都是允许的：

        #include"stdio.h"
        #include<math.h>

但是这两种形式是有区别的：使用尖括号表示在包含文件目录中去查找(包含目录是由用户在设置环境时设置的)，而不在源文件目录去查找。

使用双引号则表示首先在当前的源文件目录中查找，若未找到才到包含目录中去查找。用户编程时可根据自己文件所在的目录来选择某一种命令形式。

2）一个 include 命令只能指定一个被包含文件，若有多个文件要包含，则需用多个 include 命令。

3）文件包含允许嵌套，即在一个被包含的文件中又可以包含另一个文件。

本章小结

本章主要介绍函数的定义、调用、声明及传值过程。值传递是单向传递，形参的改变不能改变实参。数组元素和数组名都可以作为函数的形参和实参，其中数组名作为函数参数，由于实、形参共用同一段内存空间，可以返回多个值。

两类编译预处理命令：宏定义、文件包含。对它们的处理在编译前完成，只占编译时间，不占运行时间。宏定义分不带参数的宏定义和带参数的宏定义，不带参数的宏定义处理简单，带参数的宏定义参数替换容易出错，不能将带参数的宏定义与函数调用混淆起来。

 思考与练习

1. 选择题

（1）以下函数定义正确的是（　　　）。

    A. double　fun(int x, int y)　　　　B. double　fun(int x;　int y)

    C. double　fun(int x, int y)　　　　D. double　fun(int　x , y)

（2）以下关于 C 语言程序中函数的说法正确的是（　　　）。

    A. 函数的定义可以嵌套，但函数的调用不可以嵌套

    B. 函数的定义不可以嵌套，但函数的调用可以嵌套

    C. 函数的定义和调用均不可以嵌套

    D. 函数的定义和点用都可以嵌套。

（3）以下正确的函数形式是（　　　）。

```
A. double fun(int x,int y)        B. fun (int x,y)
   {z=x+y;return z;}                 {int z;return z;}
C. fun(x,y)                       D. double fun(int x,int y)
   {int x,y;  double z;              {double  z;
    z=x+y;    return z;}              z=x+y;  return z;}
```

（4）以下说法不正确的是（　　　）。

    A. 实参可以是常量、变量或表达式　B. 形参可以是常量、变量或表达式

    C. 实参可以是任意类型　　　　　　D. 形参应与其对应的实参类型一致

（5）C 语言允许函数值类型缺省定义，此时该函数值隐含的类型是（　　　）。

    A. float 型　　　　B. int 型　　　　C. long 型　　　　D. double 型

（6）若用数组名作为函数调用的实参，传递给形参的是（　　　）。

    A. 数组的首地址　　　　　　　　B. 数组第一个元素的值

    C. 数组中全部元素的值　　　　　D. 数组元素的个数

（7）若使用一维数组名作函数实参，则以下正确的说法是（　　　）。

    A. 必须在主调函数中说明此数组的大小

B. 实参数组类型与形参数组类型可以不匹配

C. 在被调函数中，不需要考虑形参数组的大小

D. 实参数组名与形参数组名必须一致

（8）有如下程序

```
int runc(int a,int b)
{ return(a+b);}
main()
{ int x=2,y=5,z=8,r;
  r=func(func(x,y),z);
  printf("%\d\n",r);
}
```

该程序的输出结果是（　　）。

A. 12　　　　　　B. 13　　　　　　C. 14　　　　　　D. 15

（9）以下程序运行后，输出结果是（　　）。

```
#include "stdio.h"
#define PT  5.5
#define S(x)  PT*x*x
main()
{ int a=1,b=2;
  printf("%4.1f\n",S(a+b));}
```

A. 49.5　　　　　B. 9.5　　　　　C. 22.0　　　　　D. 45.0

（10）执行下面的程序后，a 的值是（　　）。

```
#define SQR(X)  X*X
main()
{ int a=10,k=2,m=1;
  a/=SQR(k+m)/SQR(k+m);
  printf("%d",a);}
```

A. 10　　　　　　B. 1　　　　　　C. 9　　　　　　D. 0

2. 程序填空

（1）以下程序使用递归法求 n!，请填空。

```
float  fac(int  n)
{ float  f;
  if(n<0) {printf("n<0 data error"); f=-1;}
  else if(n==0||n==1)          f=1;
  else  f=_____;
  return( f ); }
main()
{ int n;  float y;
  printf("input  a  integer  number");
  scanf("%d",&n);
  y=_____;
```

```
        printf("%d! = %15.0f", n, y );  }
```
（2）以下程序可计算 10 名学生 1 门功课成绩的平均分，请填空。
```
float  average( float  array[10] )
{ int  i;  float  aver, sum=array[0];
  for ( i=1; _____  ;i++)
  sum+=_____;
  aver=sum/10;
  return(aver); }
main()
{ float  score[10], aver ;  int  i ;
  printf("\ninput  10 scores:");
  for(i=0; i<10;i++)  scanf("%f",&score[i] );
  aver =_____;
  printf("\naverage score is %5.2f\n", aver);
}
```

3．编写解决以下问题的 C 语言程序

（1）请编写 add 函数，计算两个实数 a 和 b 的和，并返回和值。

（2）编写一个函数计算任一输入的整数的各位数字之和。主函数包括输入输出和调用该函数。

（3）编写函数计算阶乘。

（4）编写函数计算两个数之差的绝对值，并将差值返回调用函数。

（5）写出一个宏定义 MYALPHA（c），用以判断 c 是否为字母字符，若是，得 1，否则得 0。

 实训八　函数及宏定义的应用

一、实训目的

1）掌握函数参数值传递的过程，并能够灵活运用。

2）掌握将数组作为函数参数。

3）掌握无参宏与有参宏的定义与用法。

二、预习知识

1）函数的定义、引用和声明。

2）数组作为函数参数的使用。

3）无参宏与有参宏的定义与用法。

三、知识要点

1）函数的传值方法。

2）数组作为函数参数的使用。

3）有参宏与函数使用的区别。

四、实训内容与步骤

1．验证实验

（1）有一个数组，内放 10 个学生的英语成绩，写一个函数，求出最高分。

分析：此题的关键是编写求一个实型数组最大值的函数。可得

① 求最大值的函数用"最大的"英文单词 max 作为函数名。

② 10 个实数的最大值仍为实型，return 语句返回最大值结果，所以函数类型为 float 类型。

③ 利用数组作为函数参数，由于求最大值函数中要用到数组元素个数，故其也作为形参。

由上可得，求最大值函数的函数首部为：

```
float max(float a[],int n)
```

在 max 函数中求 a 数组中元素最大值的方法和在主函数中实现求最大值的方法一样。设 s 为存放最大值的变量，初始值为 a[0]，即数组中第一个元素的值。利用循环访问数组中的各个元素，依此把其值和 s 变量进行比较；如果有比 s 大的，则对 s 刷新。最终 s 的值为数组中元素的最大值，利用 return a;返回结果。

在主函数中定义实参数组 a，调用函数求 a 数组的最大值，其语句为：max(a,10);。其中 10 为 a 数组中元素的个数。

（2）利用有参宏完成求正方形的面积和周长。

分析：可以仿照例 8.11，利用宏定义的层层置换来实现。

```
#define A  5.0
#define L  4*A
#define S  A*A
```

其中 A 为正方形的边长，S 和 L 分别为正方形的面积和周长。

2．编程

（1）编写函数，求三个整数的最大值。

（2）编写函数，求 1+2+3+…+n 的和。

五、实训要求及总结

1．结合上课内容，对上述程序先阅读，然后上机并调试程序，并对实验结果写出你自己的分析结论。

2．整理上机步骤，总结经验和体会。

3．完成实验报告和上交程序。

第9章

指　针

知识目标

- 地址和指针的概念。
- 变量的指针和指向变量的指针的应用。
- 指针变量作为函数参数，地址传递的过程。
- 指向数组元素的指针及通过指针引用数组元素。

技能目标

- 了解地址和指针的概念，掌握变量的指针和指向变量的指针变量、指针变量的引用、指针的运算。使用指针是 C 语言的主要特色之一，通过指针可以提高程序执行效率，可以访问计算机硬件，因此要把本章作为重点来学习和掌握。
- 掌握数组的指针和指向数组的指针变量、字符串的指针和指向字符串的指针变量、函数的指针和指向函数的指针变量等相关知识，并能阅读使用指针编写的程序以及使用指针编写解决实际问题的应用程序。

指针是 C 语言最灵活的部分，它充分体现了 C 语言简洁、紧凑、高效等重要特色。可以说，没掌握指针就没掌握 C 的精华。

指针部分概念复杂，使用灵活，初学时常会出错，学习过程中应十分小心，多思考、多比较、多上机，在实践中掌握它。

9.1 地址和指针的概念

首先，我们需要明确一下指针的概念。

指针是一种数据类型，具有指针类型的变量称为指针变量。实际上，可以把指针变量（也简称为指针）看成一种特殊的变量，它用来存放某种类型变量的地址。一个指针存放了某个变量的地址值，就称这个指针指向了被存放地址的变量。简单地说，指针就是内存地址，它的值表示被存储数据的所在地址，而不是被存储的内容。

为了进一步说清楚指针的含义，需要明白数据在机器中是如何存储和访问的。我们知道，内存是按字节（8 位）排列的存储空间，每个字节有一个编号，称之为内存地址。保存在内存中的变量一般占几个字节，我们称之为内存单元，一个内存单元保存一个变量的值。

不同的数据类型在机器内存中所占的内存单元的大小一般是不一样的，例如，整型数占两个字节，浮点数占 4 个字节等。但是，在同一个机器上，相同的数据类型占有相同大小的存储单元，而在不同的机器系统里，即使相同的数据类型所占的存储单元也可能是不一样的，例如，16 位机器上，一个整型数占两个字节，而在 32 位机器上，一个整型数占 4 个字节。

为了访问某个单元中的数据，就必须知道该单元在内存中的地址。这跟我们的实际生活很类似，比如说，当我们要找某一个人的时候，就必须知道他的当前地址，否则，就无法达到目的。

在这里，务必弄清楚一个内存单元的地址与内存单元的内容的区别。

打个比方，为了打开一个 A 抽屉，有两种办法，一种是将 A 抽屉的钥匙带在身上，需要时直接找出该钥匙打开抽屉，取出所需的东西；另一种办法是，为安全起见，将该 A 抽屉的钥匙放在另一个抽屉 B 中锁起来。如果需要打开 A 抽屉，就需要先找出 B 抽屉中的钥匙，打开 B 抽屉，取出 A 抽屉的钥匙，再打开 A 抽屉，取出 A 抽屉中之物，这就是"间接访问"。指针变量相当于 B 抽屉，B 抽屉中的东西相当于地址（如果把钥匙比喻成地址，不甚确切），A 抽屉中的东西，相当于存储单元的内容。

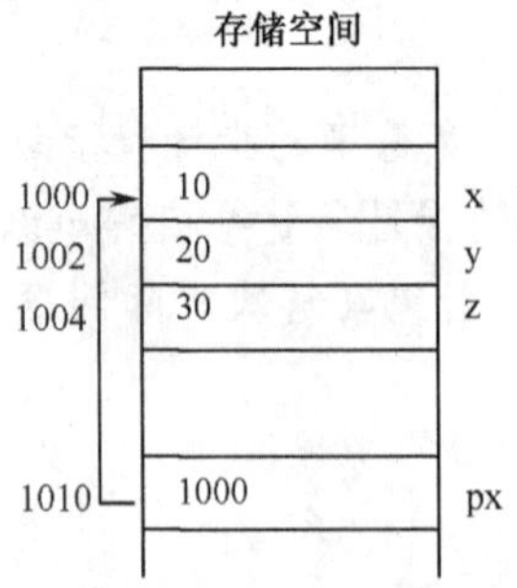

直接访问与间接访问的区别参见图 9.1。为了表示将数值 10 送到变量的存储单元中，有两种方法：

存储空间

1000	10	x
1002	20	y
1004	30	z
1010	1000	px

图 9.1 直接访问和间接访问

1）直接将 10 送到变量 x 所占的单元中。

2）将 10 送到变量 px 所"指向"的存储单元中。

所谓"指向"就是通过地址来体现的。px 中的值为 1000，就是 x 的地址，这样就在 px 和 x 之间建立起一种联系，即通过 px 就能知道 x 的地址，从而找到变量 x 的内存单元。图中以箭头→表示这种"指向"关系。

既然指针变量的值是一个地址，那么这个地址不仅可以是变量的地址，也可以是函数的地址。在一个指针变量中存放一个数组或一个函数的首地址有何意义呢？因为数组元素或函数代码都是连续存放的。通过访问指针变量取得了数组或函数存储单元的首地址，也就找到了该数组或函数。这样一来，凡是出现数组、函数的地方都可以用一个指针变量来操作。这样做，将会使程序的概念十分清楚，程序本身也精练、高效。

9.2 变量的指针和指向变量的指针变量

9.2.1 指针变量的定义

我们已经知道，指针类型的变量是用来存放内存地址的。定义了指针类型的变量，就可以在该变量中存放其他变量的地址。如果我们将变量 v 的地址存放在指针变量 p 中，就可以通过 p 访问到 v，我们也说，指针 p 指向变量 v。指针的定义方法是在它所指的变量的类型后面加一个"*"。

和其他的变量使用一样，在使用指针之前，必须先定义它，其一般形式为：

        存储类型　类型标识符　*指针名标识符;

下面是指针变量定义的例子：

```
int *ptr1;
char *ptr2;
```

这个定义说明：ptr1 和 ptr2 均保存变量的地址，且 ptr1 指向整型变量，ptr2 指向字符变量。定义指针变量时应该注意：

```
int *ptr1;
int* ptr1;
```

是等价的。严格地说，*是属于变量名的。例如：

```
int* pa, pb;
```

pa 和 pb 分别是属于什么类型？pa 是一个指向整型变量的指针，而 pb 是一个整型变量。也就是说，*应该是属于变量名的。根据这个定义，我们可以写出下面的语句：

```
pa = & pb;
```

这个语句是给指针变量赋值。&称为地址运算符，它是单目运算符，有一个变量作为它的右操作数，其功能是获取变量的地址。该语句执行后，pb 的地址就被赋给了 pa，即 pa 指向 pb，图 9.2 给出了它们的示意图。

图 9.2　地址运算符

下面的语句

```
int *ptr;
```

定义了一个指向整型数据的指针变量，该指针变量的变量名是 ptr。该定义在内存中有如下含义：在内存中有一个存储单元 ptr，它里面存放了另外一个整型数据所在内存的地址，如图 9.3 所示。

图 9.3　指针指向

在定义指针变量时要注意两点：

1）变量名前面的"*"，表示该变量为指针变量，但"*"不是变量名的一部分。

2）一个指针变量只能指向同一个类型的变量。如前面定义的 pf 只能指向浮点变量，不能时而指向一个浮点变量，时而又指向一个字符变量。

在定义了一个指针后，系统会为指针分配内存单元。各种类型的指针被分配的内存单元上大小是相同的，因为每个指针都存放的是内存地址的值，所需要的存储空间当然相同。

【例 9.1】　指针的值和指针的地址。

```
main()
{
    int a,*ptr1=&a,*ptr2=&a;   /*定义了两个指向变量 a 的指针*/
    printf("%d %d\n",ptr1,ptr2);
    /*输出两个指针变量的值,即 a 变量的地址，地址为整数*/
    printf("%d %d\n",&ptr1,&ptr2);   /*输出两个指针变量的地址*/
}
```

运行结果如下所示：

```
0X0012FF7C  0X0012FF7C
0X0012FF78  0X0012FF74
```

9.2.2　指针变量的引用

1．指针运算符

&：取地址运算符

*：指针运算符（间址访问运算符）

例如：&a 为变量 a 的地址，*p 为指针变量 p 所指向的存储单元中元素的值。

2. 指针变量引用举例

【例 9.2】 通过指针变量访问整型变量。

```
main()
{
    int i=100,j=10;
    int *pi,*pj;
    pi=&i;                      /*将 pi 指向 i*/
    pj=&j;                      /*将 pj 指向 j*/
    printf("%d,%d\n",i,j);      /*直接访问变量 i,j*/
    printf("%d,%d",*pi,*pj);    /*间接访问变量 i,j*/
}
```

运行结果如下：

```
100,10
100,10
```

程序说明：

1）int *pi,*pj; 语句定义了变量 pi，pj 是指向整型变量的指针变量，但没指定它们指向哪个具体变量。

2）pi=&i;   pj=&j; 语句确定了 pi，pj 的具体指向，pi 指向 i，pj 指向 j。不能误写成：*pi=&i; *pj=&j;

3）printf（"%d, %d\n",i,j）; 语句通过变量名直接访问变量的方法，这是我们最常用的手段。

4）printf（"%d, %d",*pi,*pj）; 语句通过指向变量 i，j 的指针变量来访问变量 i，j 的方法，*pi 表示变量 pi 所指向的单元的内容，即 i 的值；*pj 表示变量 pj 所指向的单元的内容，即 j 的值，因而两个 printf 语句输出的结果均为变量 i，j 所对应的值。

【例 9.3】 交换指针所指向的变量。

```
main()
{
    int *p1,*p2,*p,i1,i2;
    printf("please input i1,i2:\n");
    scanf("%d %d",&i1,&i2);
    p1=&i1; p2=&i2;
    printf("%d %d\n",*p1,*p2);   /*输出指针指向元素的值*/
    p=p1; p1=p2; p2=p;           /*两个指针的指向进行交换*/
    printf("%d %d\n",*p1,*p2);   /*输出交换之后两个指针指向元素的值*/
}
```

交换过程如图 9.4 所示。

请输入变量的值：

```
5  10<Enter>
```

运行结果为：

10 5

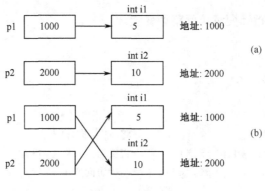

图 9.4 交换过程

9.2.3 指针变量的运算

1. 指针的加法运算

在 C 语言中，指针也能与整数作加减运算，即让指针变量加一个整数或减一个整数。但指针运算与整数的运算并不相同，它与指针所指向的变量的大小有关。例如：

```
char *str = "HELLO";
int nums[] = {10, 20, 30, 40};
int *ptr = &nums[0]; // 指向 nums 数组第一个元素
```

假定一个 int 型变量占用的内存空间是 4 个字节。在上例中，str++ 使 str 移动一个字符（一个字节），指向"HELLO"的第二个字符；而 ptr++ 使 ptr 移动一个 int 型数（即 4 个字节），指向数组的第二个元素，如图 9.5 所示。

"HELLO"的元素可以通过*str、*(str + 1)、*(str + 2)等引用，nums 的元素可以用*ptr、*(ptr + 1)、*(ptr + 2)、*(ptr + 3)等引用。

设 p 是指向某一数组元素的指针，开始时指向数组的第 0 号元素，设 n 为一整数，则 p+n 就表示指向数组的第 n 号元素(下标为 n 的元素)。

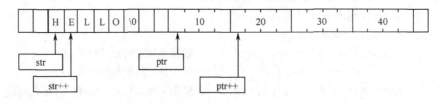

图 9.5 指针运算

在处理数组元素时，指针运算是非常方便的。例如：

```
void CopyString (char *dest, char *src)
{
```

```
    while (*dest++ = *src++);
  }
```

这个循环是将 src 指向的内容赋给 dest 指向的内容，然后，两个指针分别加 1。当 src 的结尾符被赋给 dest 时，条件表达式变为 0，即为假，循环结束。

2. 指针的减法运算

在 C 语言中，两个指针变量在一定条件下，可进行减法运算。设 p、q 指向同一数组,则 p–q 的绝对值表示 p 所指对象与 q 所指对象之间的元素个数。其相减的结果遵守对象类型的字节长度进行缩小的规则。例如：

```
int *ptr1 = &nums[1];
int *ptr2 = &nums[3];
int n = ptr2 - ptr1; // n 变为 2
```

3. 指针的自加、自减运算

假设 p 是一个指针，考虑下列表达式:

```
*++p    *p++    (*p)++    *(++p)
*--p    *p--    (*p)--    *(--p)
```

由于 ++/--和*的优先级相同，结合性是从右向左，因此

++p(或--p)表示先将 p 自增（自减），然后取 p 自增（自减）后所指向的值。

*p++(或*p--)表示先取 p 所指向的值，然后将 p 自增（自减）。

(*p)++ (或(*p)--) 表示将 p 所指向的值自增（自减）。

(++p) (或(--p))与*++p(或*--p)表示的含义相同，也是先将 p 自增（自减），然后取 p 自增（自减）后所指向的值。

9.2.4 指针变量作为函数参数

前面学习函数调用的时候，我们知道参数传递有:传值方式和地址方式。在 C 语言中实现地址传递就需要用到指针。

具体的方法是：将函数的形式参数定义为指针类型，在调用函数的时候，传递给函数变量的地址，这样就实现了地址调用。通过这种方式使被调函数中的局部变量指向了主调函数中的局部变量，从而在两个函数之间开辟了一个通道，这样在函数中对形式参数的修改也就是对实际参数的修改。

我们将例 9.3 交换两个数的功能，用指针作为函数参数完成函数调用。

【例 9.4】 交换指针所指向的变量。用函数实现交换两个数。

```
void swap(int *p1,int *p2); /*函数声明*/
main()
{
    int a,b;
    a=5;
    b=10;
```

```
        printf("a=%d,b=%d\n",a,b);
        swap(&a,&b);        /*调用函数*/
        printf("a=%d,b=%d\n",a,b);
    }
    void swap(int *p1,int *p2)  /*函数功能两个数交换*/
    {
        int t;
        t=*p1;
        *p1=*p2;
        *p2=t;
    }
```

运行结果如下所示:

```
    a=5, b=10
    a=10, b=5
```

对程序的说明: swap 函数的作用是交换两个变量的值，其形参为指针变量 p1、p2。函数调用时，将实参 a、b 的地址分别传递给形参指针变量 p1、p2，使 p1 指向 a，p2 指向 b。接着执行 swap 函数，交换*p1 和*p2 的值，也就是交换 a 和 b 的值。

请注意为了交换*p1 和*p2 的值，把函数写成以下形式就有问题:

```
    void swap(int *p1,int *p2)  /*函数功能两个数交换*/
    {
      int *t;
      *t=*p1;
      *p1=*p2;
      *p2=*t;
    }
```

*p1 就是 a，是整型变量，而*t 是指针变量 t 所指向变量的值。在函数中，t 初始没有赋值，它的值是不可预见的；*t 所指向的单元也是不可预见的。因此，对*t 赋值可能会破坏系统的正常工作状态。应该如例 9.4 中，将*p1 的值赋值给一个整型变量。

9.3 数组的指针和指向数组的指针变量

指针和数组有着密切的关系，任何能由数组下标完成的操作也都可以用指针来实现，但程序中使用指针可使代码更紧凑、更灵活。

我们知道，每个变量都有一个地址，数组也有其起始地址，数组中的每个元素也有一个相应的地址。所以，可以设置指针变量指向数组或数组中的元素。

所谓数组的指针是指数组的起始地址，数组元素的指针是指数组元素的地址。

引用数组元素可以用下标（a[i]），也可以用指针，使用指针占用的内存较少，且运行速度快。

9.3.1　指向数组元素的指针

定义一个指向数组元素的指针变量的方法,与前面介绍的定义指向变量的指针相同。例如:

```
int a[5];  /*定义 a 为包含 5 个整数的数组*/
int *p;     /*定义 p 为指向整型变量的指针变量*/
```

应当注意,这里数组为 int 型,则指针变量类型也应该是 int 型;即指向数组的指针变量的类型应该与数组元素的类型相同。下面对该指针赋值:

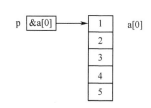

```
p=&a[0];
```

把 a[0]元素的地址赋值给指针变量 p,也就是 p 指向 a 数组的第一个元素,见图 9.6。由于数组名即为数组的首地址,所以该语句也可写成:

图 9.6　指向数组元素的指针

```
p=a;
```

 数组 a 不代表整个数组,上述语句的作用是"把 a 数组的首地址赋值给指针变量 p",而不是"把数组 a 各元素的值赋值给指针变量 p"。

在定义指针变量时可以直接赋初值:

```
int *p=&a[0];
```

或

```
int *p=a;
```

 数组 a 要先定义,才能进行上述语句。

9.3.2　通过指针指向数组元素

在 C 语言中,指针和数组是紧密相关的两种数据类型,它们计算地址的方法相同。数组的元素可以用下标表示,也可以用指针表示。假定一个指针变量指向数组,就能用该指针访问数组里的元素,用指针访问数组元素与用数组下标访问数组元素的效果是一样的。故引用数组中的元素,现在就有三种方法。例如:

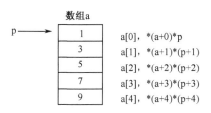

图 9.7　数组元素的引用方法

```
int a[5],*p;
p=a;
```

数组 a 中元素的引用方法如图 9.7 所示。

1. 下标法

这种方法在前面已学习过,即指出数组名和下标值,系统就会找到该元素。数组用其下标变化实行对内存中的数组元素进行处理。

【例9.5】 利用下标访问数组元素。

```
main()
{
    int a[5]={1,2,3,4,5},i;
    for (i=0;i<5;i++)   /*利用下标访问数组元素*/
        printf("%d\t",a[i]);
}
```

运行结果如下所示:

```
1  2  3  4  5
```

2. 地址法

一个数组名代表它的起始地址。地址法即通过地址访问某一数组元素。

【例9.6】 利用地址访问数组元素。

```
main()
{
    int a[5]={1,2,3,4,5},i;
    for (i=0;i<5;i++)   /*利用地址访问数组元素*/
        printf("%d\t", *(a+i));
}
```

运行结果如下所示:

```
1  2  3  4  5
```

3. 指针法

除上述两法之外，还可以定义一个指针变量，指向一数组元素。

【例9.7】 利用指向数组元素的指针访问数组元素。

```
main()
{
    int a[5],i;
    int *p=a;
    for (i=0;i<5;i++) /*利用下标访问数组元素*/
        a[i]=i;
    for (i=0;i<5;i++)    /*利用指针访问数组元素*/
        printf("%d\t", *p++);
    printf("\n");
    p=a;
    for (i=0;i<5;i++) /*利用指针访问数组元素*/
        *p++=2*i;
    p=a;
    for (i=0;i<5;i++) /*利用指针访问数组元素*/
        printf("%d\t", *p++);
        printf("\n");
```

```
      }
```
运行结果如下所示：
```
      0  1  2  3  4
      0  2  4  6  8
```
我们再用指针做函数的参数传递一个比较复杂的数据——数组。

【例 9.8】　　设有一个数列，包含 10 个数字，要求编写用指针做参数的函数从中找出最大值，并将最大值和数列的第一个值交换位置。

```
#define N 10
void swap(int *p, int count); /*声明函数*/
main()
{
  int array[N];
  int *point;
  int i;
  point = array;
  printf("please input number:\n");
  for (i = 0; i < N; i++)
    scnaf("%d",*(point + i));    /*输入数组各元素的值*/
  swap(point, N);    /*调用函数*/
  printf("output number:\n");
  for (i = 0; i < N; i++)
    printf("%d", *(point + i));   /*输出操作之后的数组各元素的值*/
    printf("\n");
  }
  void swap(int *p, int count)
  {
    int max = p[0]; /*数组的最大值*/
    int j, k = 0;
    for (j = 1; j < count; j++)
      if (*(p + k) < *(p + j))
      k = j;
    max = *(p + k);
    *(p + k) = *p;
    *p = max;
  }
```
运行结果如下所示：
```
please input number:
22 -78 106 678 45 907 -34 23 -45 112
output number:
907 -78 106 678 45 22 -34 23 -45 112
```

本章小结

　　本章介绍了指针的基本概念和初步应用。指针是 C 语言最灵活的部分，使用指针具有提高程序效率、实现动态存储分配等优点，但它非常容易出错，而且这种错误往往难以发现，因此使用指针必须小心谨慎，并积累经验。

　　指针的数据类型包括：指向变量的指针（如 int *p）；指向数组元素的指针（如 int *p,a[10]; p=a）；指向含 n 个一维数组的指针变量（如 int (*p)[n]）；等。

　　使用指针变量之前必须给指针变量赋值：向指针变量直接赋值地址值、函数调用时由实参向形参传送地址。虽然地址值是整数，但不允许直接向指针变量传送普通整数值，这样会引起混乱。

　　指针变量可以进行自增、自减、+i、-i 等算术运算，其结果仍为地址，但算术运算的基本单位是它所指向的变量的长度，如果一个指针变量指向 float 型数据，它的增量以 4 个字节为基本单位，如果一个指针变量指向 int 型数据，它的增量以 2 个字节为基本单位。

　　指针作为函数的参数，本质上仍通过"值传递"的方式，将实参的地址值传递给形参变量，在调用函数中改变了的值能够为主调函数使用，即可以得到多个可改变的值。

思考与练习

　　1．选择题

　　（1）若有定义：int x,*pb；则以下正确的赋值表达式是（　　　）。

　　　　A. pb=&x　　　　　B. pb=x　　　　C. *pb=&x　　　　D. *pb=*x

　　（2）以下能正确进行字符串赋值、赋初值的语句是（　　　）。

　　　　A. char　s[5]={'a', 'e', 'i', 'o', 'u'};　　B. char *s;s="good";

　　　　C. char s[5]= "good! ";　　　　　　D. char a[5];s="good";

　　（3）设有如下定义：

```
int arr[]={6,7,8,9,10};
int * ptr;
```

则下列程序段的输出结果为（　　　）。

```
ptr=arr;
(ptr+2)+=2;
 printf ("%d,%d\n",*ptr,*(ptr+2));
```

　　　　A. 8,10　　　　　B. 6,8　　　　　　C. 7,9　　　　　　D. 6,10

　　（4）执行以下程序段后的 y 值为（　　　）。

```
static  int a[ ]={1,23,5,7,9};
int y,x,*ptr;
y=1;
ptr=&a[1];
```

```
for(x=0;x<3;x++)
y*=*(ptr+x);
```

    A. 105　　　　　　　B. 15　　　　　　　C. 945　　　　　　　D. 无定值

（5）若有说明：char s[4]="12"; char　*ptr;则执行以下语句后的输出是（　　）。

```
ptr=s;
printf("%c",*(ptr+1));
```

    A. 1　　　　　　　　B. 2　　　　　　　　C. *　　　　　　　　D. NULL

（6）若有说明语句：int i,x[3][4];则不能将 x[1][1]的值赋给变量 i 的语句是（　　）。

    A. i=*(*(x+1)+1)　　B. i=x[1][1]　　　　C. i=*(*(x+1))　　　D. i=*(x[1]+1)

（7）已知 char s[20]="programming", *ps=s;则不能引用字母 O 的表达式是（　　）。

    A. ps+2　　　　　　B. s[2]　　　　　　　C. ps[2]　　　　　　D. ps+=2;*ps

（8）以下程序段的输出结果是（　　）。

```
static  char a[ ]="Basic";
char *ptr;
for(ptr=a;ptr<a+5;ptr++)
printf("%s\n",ptr);
```

    A. Basic　　　　　　B. B　　　　　　　　C. c　　　　　　　　D. Basic
      asic　　　　　　　　　a　　　　　　　　　ic
      sic　　　　　　　　　s　　　　　　　　　sic
      ic　　　　　　　　　i　　　　　　　　　asic
      c　　　　　　　　　c　　　　　　　　　Basic

（9）语句 int (*ptr)();说明了（　　）。

    A. ptr 是指向一维数组的指针变量

    B. ptr 是指向 int 型数据的指针变量

    C. ptr 是指向函数的指针，该函数返回一个整型数据

    D. ptr 是一个函数名，该函数的返回值是指向整型数据的指针

（10）以下程序的输出结果是（　　）。

    A. 9.000000　　　B. 1.500000　　　C. 8.000000　　　D. 10.500000

```
void  sub(float  x,float *y,float *z)
{*y=*y-1.0;
*z=*z+x);}
main()
{float a=2.5,b=9.0,*pa,*pb;
pa=&a;pb=&b;
sub(b-a,pa,pb);
printf("%f\n",a);}
```

2. 填空题

（1）若有以下定义，则不移动指针 p，且通过指针 p 引用值为 98 的数组元素的表达式是＿＿＿＿＿＿＿＿＿＿＿＿＿＿＿＿＿。

```
int w[10]={23,54,10,33,47,98,72,80,61}, *p=w;
```
（2）若有定义：int *f( )表明 f 是_____。

（3）一个指针变量 P 和数组变量 a 的说明如下：
```
int a[10],*p;
```
则 p=&a[1]+2 的涵义是指针 p 指向数组 a 的第_____个元素。

（4）以下程序的输出结果是_____。
```
int  ast(int x,int y,int *cp,int *dp)
{ *cp=x+y;
 *dp=x-y;}
main()
{ int a,b,c,d;
  a=4;b=3;
  ast(a,b,&c,&d);
  printf("%d%d\n",c,d);
}
```

（5）以下程序的输出结果是_____。
```
main()
{ int a[3][4]={1,3,5,7,9,11,13,15,17,19,21,23};
  int (*p)[4]=a,i,j,k=0;
  for(i=0;i<3;i++)
  for(j=0;j<2;j++)
  k+=*(*(p+i)+j);
  printf("%d\n",k);
}
```

（6）若输入 3 个整数 3、2、1，则以下程序的输出结果是_____。
```
void sub(int n,int uu[])
{ int t;
  t=uu[n--];t+=3*uu[n];
  n++;
  if(t>=10)
  {uu[n++]=t/10;uu[n]=t&10;}
  else uu[n]=t;
}
main()
{ int i,n,aa[10]={0};
  scanf("%d%d%d",&n,&aa[0],&aa[1]);
  for(i=1;i<n;i++)sub(i,aa);
  for(i=0;i<=n;i++)printf("%d",aa[i]);
  printf("\n");}
```

（7）以下函数 max 用来返回数组 s 中最小元素的下标，数组中元素的个数由 t 传入，请填空完成函数。

```
findmax(int s[],int t)
{ int k,p;
  for(p=0,k=p;p<t;p++)
  if(s[p]<s[k])_____;
  return____;
}
```

（8）以下程序统计从终端输入的字符中每个大写字母出现的次数，num[0]用来统计字母 A 出现的次数，其他依次类推，用#号结束输入，请填空。

```
#include "stdio.h"
#include "ctype.h"
main()
{ int num[26]={0},i;
  char c;
  while (_____!='#')
  if(isupper(c)) num[____]+=1;
  for(i=0;i<26;i++)
  if(num[i])printf("%c:%d\n",i+'A',num[i]);
}
```

（9）以下 fun 函数的功能是：累加数组元素中的值，n 为数组中元素的个数，累加的和放入 x 所指的存储单元中。

```
fun(int b[ ],int n,int *x)
{ int k,r=0;
  for (k=0;k<n;k++)r=____;
  ____=r;}
```

3．编程题

利用指针完成下列编程。

（1）写一个函数，求一个字符串的长度。在主函数中输入字符串，并输出其长度。

（2）输入一行数字字符，请用数组元素作为计数器来统计每个数字字符的个数。用下标为 0 的元素统计字符"0"的个数，用下标为 1 的元素统计字符"1"出现的次数……

（3）在主函数中输入 10 个不等长字符串。用另一函数对它们排序。然后在主函数中输出已排好序的字符串。

（4）输入一个字符串，内有数字字符和非数字字符如 123a345bcd567，将其中连续的数字作为一个整数，依次存放到一数组 a 中，例如，123 放在 a[0]，345 放在 a[1]中，567 放在 a[2]中……统计共有多少个整数，并输出这些整数。

（5）写一个函数，实现两个字符串的比较，即自己编写 strcmp 函数：

```
strcmp(char *s1,char *s2);
```

如果 s1=s2，返回值 0，若 s1<>s2，返回它们二者第一对不同字符的 ASCII 码差值，如果 s1>s2，则正数，否则返回负数。如"this"与"the"，第一对不同的字符是"i"与"e"之差为 4，返回值 4。

实训九　指针的使用

一、实训目的

1）掌握变量的指针和指向变量的指针的应用。
2）掌握指针变量作为函数参数，地址传递的过程。
3）掌握指向数组元素的指针及通过指针引用数组元素。

二、预习知识

1）变量的指针和指向变量的指针的应用。
2）指针和函数、数组的应用及指针的运算。

三、知识要点

1）利用指针访问数组元素。
2）指针和函数、数组的应用及指针的运算。

四、实训内容与步骤

1．验证实验

（1）定义一个包含 10 个整数的数组 a，通过键盘对它们进行赋值。利用指针引用数组元素，求其中为奇数的各项之和。

分析：定义一个包含 10 个整数的数组 a：int a[10]；仿照例 9.7 利用指针引用数组元素，通过键盘对元素赋值。设 sum 为和变量，其初始值为 0。通过循环访问数组中的每一个元素，利用语句 if(a[i]%2==1) 依此判断数组元素是否为奇数，满足条件是奇数的元素值加到和变量中。

（2）任意输入一个日期，包含年、月、日，求是该年的第几天。

分析：定义三个整型变量 y、m、n，分别表示年、月、日，通过键盘赋值。定义一个数组，存放每月的总天数，其中 2 月份为 28 天，大月为 31 天，小月为 30 天。

已知日期求是该年第几天的方法为：先求 m-1 个月的总天数，再加上该月的天数 n 即可。另外还要判断 y 是否是闰年，是的话总天数要加一天。

其中可以利用指针来引用存放每月总天数的数组。

2．编程

（1）定义一个包含 10 个实数的数组 a，通过键盘对它们进行赋值。利用指针引用数组元素，求其中是 3 的倍数的各项之和。

（2）定义一个包含 10 个字符的字符串 a，通过键盘输入串 a。利用指针引用数组元素，求其中最大的字符。

五、实训要求及总结

1．结合上课内容，对上述程序先阅读，然后上机并调试程序，并对实验结果写出你自己的分析结论。

2．整理上机步骤，总结经验和体会。

3．完成实验报告和上交程序。

第10章

结 构 体

知识目标

● 掌握结构体类型、变量的定义与变量的初始化,结构体变量成员的引用。

● 掌握结构体类型构成数组的定义与使用方法。

● 理解链表的定义、新建、插入与删除操作。

技能目标

● 理解结构体类型变量的定义方法、结构体的引用、结构体变量的初始化、结构体数组的定义,明白指向结构体变量的指针和指向结构体数组的指针,动态处理内存空间所使用的函数。

● 了解使用指针处理链表,链表的构成、创建、插入、删除、遍历等操作的简单实现。

我们在前面学习了一些基本数据类型（也叫简单类型），如整型、实型、字符型等，这些类型的存储方法和运算规则都是由系统事先定义好的，程序员可以直接拿来使用，但只用基本类型不能全面反映客观世界。为了满足实际需要，C 语言提供了供程序员根据处理对象的特点，灵活地定义自己所需要的数据类型的功能。通过自定义类型，将不同类型的数据组合成一个有机的整体，以便引用。

本章将介绍用户自定义类型——结构体类型的定义、结构体变量的定义、结构体成员变量的初始化及引用方法，结构体数组的定义与使用及链表的简单操作。

10.1 结构体的定义和引用

结构体类型就是将不同类型的数据组合成一个有机的整体，以便于引用。结构体定义包括结构体类型定义与结构体变量定义两种。

10.1.1 结构体类型的定义格式

其定义的一般格式：

```
struct  <结构体名>
{
  <成员变量定义语句>
  ...
} [<变量名列表>];
```

其中：

1）struct 是关键字，不能省略。

2）<结构体名>为合法标识符，但可省略（即无名结构体）；

3）成员类型可以是基本类型或构造类型。

4）<变量名列表>可为空。

5）不要忽略最后的分号。

设一个学生的属性如图 10.1 所示，包括学号（num）、姓名（name）、性别（sex）、年龄（age）、成绩（score）、家庭住址(addr)。

num	name	sex	age	score	addr
10010	Li Fun	M	18	87.5	Bei jing

图 10.1 学生属性

C 语言中没有提供如图 10.1 所示的现成数据，因此用户必须定义结构体类型。下面定义了一个叫 student 的结构体类型，它包括 num、name、sex、age、score、addr 等不同类型的数据成员。这些数据成员分别由我们前面学习过的整型变量、实型变量、字符型变量以及数组构成。

```
struct    student
{
    int    num;
    char    name[20];
    char    sex;
    int    age;
    float    score;
    char    addr[30];
};
```

应当注意，将一个变量定义为标准类型（基本数据类型）与定义为结构体类型不同之处在于后者不仅要求指定变量为结构体类型，而且要求指定为某一种特定的结构体类型。因此可以定义出许许多多种具体的结构体类型。

再举几个定义结构体类型的例子：

```
① struct  A          ② struct  B          ③ struct  C          ④ struct  D
{                      {                      {                      {
    int x,y;              char *cp;              int count,*e;          double data;
    float z;              int array[5];          B b;                  D *next;
    char ch;              };                    };                    };
};
```

在上述定义中，数据成员可以是简单类型、指针类型、已定义好了的其他结构体类型和本身类型的指针类型。

10.1.2 结构体变量的定义和初始化

只是指定了一个结构体类型，它相当于一个模型，但其中并无具体数据，系统对它也不分配实际内存单元。为了能在程序中使用结构体类型的数据，应当定义结构体类型的变量，并在其中存放具体数据。一般定义结构体变量有三种方法。

1. 先声明结构体类型再定义结构体变量

定义格式如下：

```
struct 结构体名
{
成员列表
};
struct 结构体名 变量名1，变量名2…；
```

如上面已经定义了结构体类型 student，可以用它来定义变量，如：

```
student  stu1={10001,"Zhang Xin",'M',19,90.5,"Shanghai"};
```

在定义了结构体变量后，系统会为之分配内存单元。从理论上结构体变量所占存储空间的大小，是成员列表中所有成员所占内存空间之和。结构体变量 stu1 占用字节数=4+20+1+4+4+30=63，即占内存空间 63 个字节。

结构体变量的初始化和其他变量一样，可以在定义中指定初始值，也可以单独赋值。

2. 在定义结构体类型的同时定义结构体变量

定义格式如下：

```
struct 结构体名
{
    成员列表;
}变量名1, 变量名2…;
```

如上例中的变量可定义为：

```
struct  student
{
    int      num;
    char     name[20];
    char     sex;
    int      age;
    float    score;
    char     addr[30];
}stu1={10001,"Zhang Xin",'M',19,90.5,"Shanghai"};
```

3. 直接定义结构体类型变量（匿名定义）

定义格式如下：

```
struct
{
成员列表;
}变量名=变量名1,变量名2…;
```

其特点是在定义时不出现结构体名。

如上例中的变量可定义为：

```
struct
{
    int     num;
    char    name[20];
    char    sex;
    int     age;
    float   score;
    char    addr[30];
}stu1,stu2;
```

关于结构体类型说明如下：

1）类型与变量是两个不同的概念，不能混淆。变量分配内存空间，类型不分配空间。

2）对结构体中的成员可以单独使用，相当于普通变量，引用方法后面具体讲述。

3）结构体中成员也可以是一个已定义的另一个结构体类型，这种定义叫做结构体的嵌套定义。例如定义：

```
struct date                             int num;
{                                       char name[20];
    int month;
    int day;
    int year;
};                                      struct date birthday;
struct student                        } stu ;
{
```

先声明一个 date 类型，它表示日期，包含 month（月）、day（日）、year（年）。然后在声明 student 类型时，将成员 birthday 指定为 date 类型。student 结构如图 10.2 所示。

num	name	birthday		
		month	day	year

图 10.2 student 结构

10.1.3 结构体变量的引用

在定义了结构体变量之后，就可以引用，但应遵循以下原则：

1）不能将一个结构体变量作为一个整体输入和输出，只能引用成员变量。

① printf("%d, %s, %c, %d, %f, %s\n", stu1);

② stu1={101, "Yue Fei",'M',16,100, "HeNan"};

③ if (stu1 = = stu2) …

以上三种直接引用结构体变量的方式都是错误的。但可以将一个结构体变量赋值给另一个结构体变量，例如：

stu2=stu1;

引用结构体成员变量的格式为：

结构体变量名.成员变量名

其中，"."是成员运算符，它在所有运算符中优先级是最高的。例如 student1.num 表示 student1 变量中的 num 成员，即学号项，可以对变量成员赋值，student1.num=1001;

2）如果成员本身又属于一个结构体类型，则要用若干个成员运算符，一级一级的引用到最低的一级成员。只能对最低级的成员进行操作。例如上例中的 student 类型的 stu 变量，可以这样访问成员：

stu.birthday.month

 不能用 stu.birthday 来访问 stu 变量中的成员 birthday，因为 birthday 本身是一个结构体变量。

3）对结构体变量的成员可以象普通变量一样进行根据其类型决定的各种运算。例如：

stu.num++;

stu.num=a+19;

由于运算符 "." 的优先级最高，因此 stu.num++是对 stu.num 进行自加运算，而不是对 num 进行自加运算。

4）可以引用结构体变量成员的地址，也可以引用结构体变量的地址。例如：

```
scnaf("%d",&stu.num);    /*输入 stu.num 的值 */
printf("%d",& stu);      /*输出 stu 的首地址 */
```

10.2 结构体数组

一个结构体变量中可以存放一组数据，如果有多个学生数据需参加运算，显然应该用数组，这就是结构体数组。结构体数组与其他变量不同的是每个数组元素是一个结构体类型的数据。

10.2.1 结构体数组的定义

定义结构体数组和定义结构体变量方法相仿，只需说明为数组即可。例如：

```
student  stu[2];
```

也可以直接定义结构体数组为：

```
struct  student              struct
{                            {
  int  num;                    int    num;
  char name[20];               char  name[20];
  char sex;                    char  sex;
  int  age;                    int    age;
  float score;                 float score;
  char addr[30];               char  addr[30];
}stu[2];                     }stu[2];
```

10.2.2 结构体数组的引用

一个结构体数组元素相当于一个结构体变量，因此前面介绍的关于结构体变量的引用方法，同样适用于结构体数组元素。而结构体数组元素之间的关系和引用规则与以前介绍的数值数组的规定相同。

1）引用某一结构体数组元素的成员，用以下形式：

```
结构体数组名[i].成员名
```

2）可以将一个结构体数组元素赋给同一结构体数组中的另一个元素，就象结构体变量之间的赋值一样。例如：

```
stu[1]=sut[0];
```

3）不能把结构体数组元素作为一个整体直接输入输出。例如：

```
printf("%d",stu[0]);是错误的。
```

只能以单个成员为变量输入输出。例如：

```
    printf("%d", stu[0].num);
```

10.2.3 结构体数组的应用举例

【例 10.1】 输出结构体数组信息。

```
struct student//学生记录的结构体类型
{
    int num;//学号
    char name[20];//姓名
    char sex;  //性别，用 M 表示男，F 表示女
    float score;//成绩
};
main()
{
    int i,
    student stu[5]={{1001,"zhangni",'M',85.5},
                    {1002,"wangxiao",'F',96.5},
                    {1003,"sunqiang",'M',100},
                    };//定义结构体数组 stu 并初始化
    for(int i=0;i<3;i++)
    {
        printf("num:%d  ",stu[i].num);
        printf("name:%s ", stu[i].name);
        printf("sex:%c ", stu[i].sex);
        printf("score:%f\n ", stu[i].score);
    }
}
```

程序运行结果：

```
num: 1001  name: zhangni  sex: M   score: 96.5
num: 1002  name: wangxiao  sex: F   score: 85.5
num: 1003  name: sunqiang  sex: M   score: 100
```

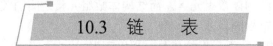

10.3 链　　表

10.3.1 链表概述

我们知道，数组是一种数据结构，用来保存线性数据。而链表并不象数组那样，需要一个连续的内存块。使用链表时，每一个数组元素动态地分配内存单元，并通过指针把他们联系在一起，链表元素我们也称之为链表结点。图 10.3 表示单链表。

链表有一个"头指针"，图 10.3 中以 head 表示，它存放一个地址，该地址指向链表

的第一个元素。链表的每一个结点包含两个域：数据域和指针域。数据域保存数据，指针域指向下一个结点。最后一个元素称"表尾"，它的指针域为 NULL(空)，即后面没有元素。

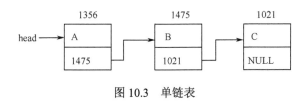

图 10.3 单链表

链表结点包含多种类型的数据，所以应该用结构体来定义：

```
struct node
{
    int data;
    struct node *link;
};
```

10.3.2 处理链表所需的函数

链表结构是动态分配内存的，即在需要时才开辟一个结点的存储单元。C 语言为动态存储提供了以下的函数。

1. malloc 函数

其函数原型为：

```
void *malloc(unsigned int size);
```
其作用是在内存的动态存储空间分配一个长度为 size 的连续空间。此函数的值（即"返回值"）是一个指向分配空间起始地址的指针，如果分配未能成功，则返回 null 指针。

2. calloc 函数

其函数原型为：

```
void *calloc(unsigned n, unsigned size);
```
其作用是在内存的动态存储空间分配 n 个长度为 size 的连续空间。此函数的值（即"返回值"）是一个指向分配空间起始地址的指针，如果分配未能成功，则返回 null 指针。

用 calloc 函数可以为一维数组开辟动态存储空间，n 为数组元素个数，每个元素长度为 size。

3. free 函数

其函数原型为：

```
void free (void *p);
```
其作用是释放由 p 指向的内存区，使这部分内存区能被其他变量使用。p 是调用 malloc 或 calloc 函数时的返回值。free 函数无返回值。

10.3.3 链表的操作

1. 建立动态链表

所谓建立动态链表是在程序执行过程中从无到有的建立起一个链表，即一个一个的开辟结点和输入各结点的址，并建立各结点之间的关系。其方法为：生成一个结点 p，将其作为头结点（将 p 中存放的结点地址赋给 head）；然后，依次建立新结点 q，将其数据域置入相应的值，指针域赋"空"（NULL），并将其链接到链表的尾部，且 p 始终指向链表最后一个结点。

【例 10.2】 建立含有 n 个结点的单链表函数。

```
        struct node *create_link(int n)
    /* 建立带有头结点，头指针为 head */
    {
        struct node *head,*p,*q ;
        int i,m;
        p=(struct node *)malloc(sizeof(struct node));
        /* sizeof 函数的作用为求存储长度 */
        head=p ;   /* 建立头结点 */
        for(i=1;i<=n;i++)
        {
            q=( struct node *)malloc(sizeof(struct node)) ;
            scanf("%d",&m) ;       /* 输入整型数据 */
            q->data=m ;            /* 对每个结点的数据域赋值 */
            q-link=NULL;           /* 新建立的结点为表尾 */
            p->link=q ;            /* 新建立的结点连入链表 */
            p=q ;                  /* p 指针始终指向当前链表的最后一个结点 */
        }
        return(head) ;
    }
```

2. 对链表进行插入操作

设有一个带头结点的线性表（a，b，c），首指针为 head。假设要在线性表的两个元素 b 和 c 之间插入一个数据元素 d，已知 p 指向线性链表的结点 b，q 指向要插入的新结点，插入的过程如下：

```
    q=( struct node *)malloc(sizeof(struct node)) ;
    q->data='d';
    q->link=p->link;
    p->link=q ;
```

可见，在线性表中 p 所指结点的后面插入一个结点，仅需要修改指针而不需要移动元素，插入过程如图 10.4 所示。

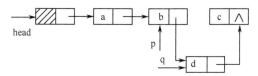

图 10.4　在链表中插入结点

在线性表中第 i(1≤i≤n+1) 个数据元素前插入一个新的数据元素 x 方法如下：使指针 p 从首指针开始，沿链表指针链找到要插入结点的前驱结点（p 指向第 i-1 个结点）；其次，给要插入的值 x 申请一个结点，该结点由指针 q 指向，将 x 送到该结点的数据域，并将该结点的指针域赋 NULL；最后，将该结点插入线性链表。由于插入的位置不同，需要采用不同的处理方法，故在算法要考虑插入结点的位置。

【例 10.3】　在含有 n 个结点的单链表中第 i 个元素之前插入一个新元素 x。

```c
int insert_link(struct node *head,int x,int i)
{
    struct node *p , *q ;
    int j ;
    p=head ;                    /* 把链表首地址赋值给指针 p */
    j=0;
    while((p!=NULL) && (j<i-1))
    {
        p=p->link;
        j++ ;   /* 寻找第 i-1 个结点*/
    }
    if(p==NULL) return(0);   /* 如果 p 为 NULL，则没有找到第 i 个结点*/
    q=(struct node *)malloc(sizeof(struct node)) ;
    /*为新插入的结点分配空间*/
    q->data=x ;                 /* 对数据域赋值 */
    q->link=p->link ;           /* 新建立的结点连入链表 */
    p->link=q ;
    return(1) ;
}
```

插入操作成功，函数返回 1；不成功则返回 0。

3. 对链表进行删除操作

要删除值为 b 的结点，删除的方法是：使指针 p 指向要删除结点的前驱；然后，将 q 指针指向要删除的结点；如图 10.5 所示实现删除操作。最后，将要删除的结点释放掉。在删除操作中，也无须进行数据元素的移动，只要修改指域的指针，就可能实现删除操作，操作如下：

```c
q=p->link ;
p->link=q->link ;
free(q) ;
```

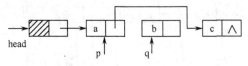

图 10.5　在链表中删除元素

在线性链表中删除第 i 个数据元素方法与例 10.3 相同，必须找到第 i-1 个结点的地址，步骤是定义一个指针变量 p，使 p 从首指针开始沿指针链找到第 i 个元素，即删除 p 的后继结点。

【例 10.4】　在带有头结点的线性单链表中，删除第 i 个结点。

```c
struct node *delete_link(struct node *head, int i)
{
  struct node *p,*q ;
  int j ;
  p=head;   /* 把链表首地址赋值给指针 p */
  j=0;
  while((p!=NULL) && (j<i-1))
  {
    p=p->link;  /* 寻找第 i-1 个结点 */
    j++ ;
  }
  if(p==NULL) return(NULL) ;
  q=p->link ;
  p->link=q->link ;   /* 删除指定结点 */
  free(q);
  return head ;
}
```

插入操作成功，函数返回修改后的链表首地址；不成功则返回空指针（NULL）。

 本章小结

结构体属于 C 语言中的构造类型，允许用户自定义，是包含不同类型数据的集合，在实际中有广泛的应用。使用结构体必须先定义结构体类型，其成员可以是 C 语言中的任何类型，也可以是另一个结构体。再用该类型定义相应的结构体变量，可以是单个变量，也可以是数组。根据用户的需要，可以定义不同的结构体类型。

结构体变量引用一定要引用到个体，即成员，其操作符合 C 语言中该成员类型操作。尤其是结构体数组，应该先引用数组元素，由于数组元素是结构体，应再引用到成员。

链表是动态存储线性表的方式，存储不需要连续空间，可以存储在不连续的空间里。使用链表时，每一个数组元素动态地分配内存单元，需要则分配空间，不需要则系统回收空间。链表中的结点都有两个域，一个是数据域，用来存放该结点的值；另一个是指针域，用来指向下一个元素。这样就能把物理上不连续的元素，在逻辑上连续。

思考与练习

1. 选择题

（1）在说明一个结构体变量时系统分配给它的存储空间是（   ）。

    A. 该结构体中第一个成员所需存储空间

    B. 该结构体中最后一个成员所需存储空间

    C. 该结构体中占用最大存储空间的成员所需存储空间

    D. 该结构体中所有成员所需存储空间的总和

（2）设有以下说明语句

```
struct stu
{ int  a;  float  b; }stutype;
```

则下面的叙述不正确的是（   ）。

    A. struct 是结构体类型的关键字　　　　B. struct stu 是用户定义的结构体类型

    C. stutype 是用户定义的结构体类型名　　D. a 和 b 都是结构体成员名

（3）以下程序的运行结果是（   ）。

```
 main( )
{ struct  date
  { int  year, month, day; }today;
  printf("%d\n",sizeof(struct date)); }
```

    A. 6　　　　　　　B. 8　　　　　　C. 10　　　　　　　D. 12

（4）有如下定义

```
struct person{char name[9]; int age;};
struct person class[10]={"Johu", 17,
"Paul", 19 , "Mary", 18, "Adam", 16,};
```

根据上述定义，能输出字母 M 的语句是（   ）。

    A. prinft("%c\n",class[3].mane);

    B. printf("%c\n",class[3].name[1]);

    C. prinft("%c\n",class[2].name[1]);

    D. printf("%^c\n",class[2].name[0]);

2. 阅读下列程序，指出运行结果

以下程序的运行结果是（   ）。

```
struct  n {int  x;  char  c; };
func (struct  n);
main( )
{ struct  n  a={10, 'x'}; func(a);
 printf ( "%d,%c", a.x, a.c); }
func(struct n b)
{b.x=20;   b.c='y';  }
```

3．编写解决以下问题的 C 语言程序

（1）试利用结构体类型编制一程序，实现输入一个学生的数学期中和期末成绩，然后计算并输出其平均成绩。

（2）实现输入三个学生的学号、数学期中和期末成绩，然后计算其平均成绩并输出成绩表。

（3）请编程建立一个带有头结点的单向链表，链表结点中的数据通过键盘输入，当输入数据为-1 时，表示输入结束。（链表头结点的 data 域不放数据，表空的条件是 ph->next = =NULL）。

（4）已知 head 指向一个带头结点的单向链表，链表中每个结点包含字符型数据域（data）和指针域（next）。请编写函数实现在值为 a 的结点前插入值为 key 的结点，若没有值为 a 的结点，则插在链表最后。

 实训十　结构体的应用

一、实训目的

1）掌握结构体类型、变量的定义与变量的初始化，结构体变量成员的引用。
2）掌握结构体类型构成数组的定义与使用方法。

二、预习知识

1）结构体类型、变量的定义。
2）结构体变量的初始化，成员的引用。

三、知识要点

1）结构体类型、变量的定义与变量的初始化，结构体变量成员的引用。
2）结构体类型构成数组的定义与使用方法。

四、实训内容与步骤

熟悉 C 程序中结构体的使用。

1．模仿实验

（1）任意输入一个日期，包含年、月、日，求是该年的第几天。要求日期定义为结构体。

分析：定义日期为结构体类型

```
struct date
{  int year,mouth,data;  };
```

已知日期，求是该年第几天的方法参见第 10 章实训中的"模仿实验"。

（2）实现输入十个学生的学号和成绩，然后计算其平均成绩并输出成绩表。

分析：定义每个学生信息是结构体，其类型为

```
struct stu
```

```
{   int number;
    float score;  };
```
十个学生的信息,定义为结构体数组:
```
struct stu a[10];
```
利用循环求出成绩总分及输出成绩。

2. 编程

(1) 由主函数将年、月、日传递给函数 days,函数 days 将计算此日期是该年的第几天再传回主函数。

(2) 实现输入十个学生的学号、语文成绩、数学成绩及外语成绩,然后计算每个学生的总分,并求出最高分。

五、实训要求及总结

1. 结合上课内容,对上述程序先阅读,然后上机并调试程序,并对实验结果写出你自己的分析结论。

2. 整理上机步骤,总结经验和体会。

3. 完成实验报告和上交程序。

第11章

文　件

知识目标

- 文件的概念，存储方式及文件类型指针。
- 文件打开、关闭及读写的函数。
- 文件的定位函数和出错检测。

技能目标

- 了解文件的概念，掌握文件类型指针的定义和文件的打开与关闭、文件的读写、文件的定位、文件输入输出的操作及相关的标准函数。
- 掌握标准设备输入/输出函数的使用、掌握缓冲文件系统的使用，学会打开或修改指定的文件，能把数据输入或输出到制定的文件，实现一个简单文字处理系统。

文件是程序设计的一个重要的概念。所谓"文件"一般指存储在外部介质上数据的集合。本章将介绍文件的概念、存储方式及文件类型指针；文件的打开、关闭、读写、定位及出错检测函数。

11.1　文　件　概　述

在我们学习《计算机文化基础教程》时，就知道了编辑的 Word 文档、Excel 文档都是以文件的方式存在于软盘或硬盘等存储介质上的。其实文件就是指存储在外部介质上数据的集合。数据输入不仅可来自键盘输入，也可能来自于某个文件；而数据输出不仅可输出到屏幕，还可能写到磁盘的某个文件中。

C 语言把文件看作是一个字符（字节）的序列，可分为 ASCII 文件（即文本文件：它的每个字节存放一个 ASCII 代码，代表一个字符，占用存储空间多，便于输出字符）和二进制文件（把数据按其在内存中的存储形式原样输出到磁盘上存放，占用存储空间少，不能直接输出字符）。例如一个十进制数 12345，其在 ASCII 文件和二进制文件的存储形式如图 11.1 所示。

图 11.1　十进制 12345 的存储形式

一个文件是一个字节流或二进制流，在 C 语言中对文件的存取是以字符（字节）为单位的。输入输出的数据流的开始和结束仅受程序控制，不受物理符号(如回车换行符)的控制。也就是说，在输出时不会自动增加回车换行符以作为记录结束的标志，输入时不以回车换行符作为记录的间隔。这种文件称为流式文件。C 语言允许对文件存取一个字符，这就增加了处理的灵活性。

文件的处理方法：

1）缓冲文件系统：系统自动地在内存区为每个正在使用的文件开辟一个缓冲区。

2）非缓冲文件系统：系统不自动在内存区为每个正在使用的文件开辟一个缓冲区，而由程序为每个文件设定缓冲区。

ANSI C 标准采用缓冲文件系统处理文本文件和二进制文件。

C 语言库函数为我们提供了方便的文件操作函数（文件的创建、打开、关闭、读出、写入、出错检查等）。

11.2 文件类型指针

缓冲文件系统中，关键的概念是"文件指针"。每个被使用的文件都在内存中开辟一个区，用来存放文件的有关信息（如文件的名字、状态及当前位置等）。这些信息保存在一个结构体变量中。该结构体类型是由系统定义的，取名为 FILE，在 stdio.h 中声明如下：

```
typedef struct
{
    short         level;        /*缓冲区"满"或"空"的程度*/
    unsigned      flags;        /*文件状态标志*/
    char          fd;           /文件描述符*/
    unsigned char hold;         /*如无缓冲区不读取字符*/
    short         bsize;        /*缓冲区的大小*/
    unsigned char *buffer, *curp;   /*指针当前的指向*/
    unsigned      istemp;       /*临时文件指示器*/
    short         token;        /*用于有效性检查*/
} FILE;
```

这样我们可以定义一个文件指针变量来指向存放打开文件有关信息的内存区域地址，从而能访问该文件的相关信息。定义文件指针变量形式如下：

```
FILE *fp;
```

当然也可定义文件型指针数组，如：

```
FILE arrfp[10];
```

11.3 文件的打开和关闭

和其他高级语言一样，对文件读写之前应该"打开"该文件，在使用结束之后应该关闭该文件。

11.3.1 文件的打开（fopen 函数）

ANSI C 规定了标准输入输出库函数，用 fopen()函数来实现打开。fopen 函数的调用方式为：

```
FILE *fopen(文件名，使用文件方式);
```

或

```
FILE *fp;
Fp=fopen(文件名，使用文件方式);
```

此函数作用是用来打开文件，此函数返回值为文件指针类型，关于更详细的信息可在 Turbo C 的集成开发环境下通过在编辑环境下输入函数名，同时按 Ctrl+F1 键联机帮助学习，并且在联机帮助中还有一些例子，希望同学们也去实验。以下介绍的函数均可按此方法学习，后面就不再说明了。

例如：

```
FILE fp;/*文件指针变量*/
fp=fopen("c:\dos\smp.c", "r");
```

它表示要打开 c:\dos 路径下名字为 smp.c 的文件，使用文件方式为"读入"（r 表示 read，即读入），fopen 函数带回指向 smp.c 文件的指针并赋值给 fp，这样 fp 指向 smp.c 文件。可以看到，在打开一个文件时，通知给编译系统以下 3 个信息：

1）需要打开的文件名。

2）使用文件的方法（"读"还是"写"等）。

3）让哪一个指针变量指向打开的文件。其中使用文件方式见表 11.1。

表 11.1 使用文件方式

文件使用方式	含 义
r （只读）	为输入打开一个文本文件
w （只写）	为输出打开一个文本文件
a （追加）	向文本文件尾增加数据
rb （只读）	为输入打开一个文本文件
wb（只写）	为输出打开一个文本文件
Ab （追加）	向二进制文件尾增加数据
r+ （读写）	为读/写打开一个文件
w+ （读写）	为读/写建立一个新的文本文件
a+ （读写）	为读/写打开一个文本文件
rb+ （读写）	为读/写打开一个二进制文件
wb+ （读写）	为读/写建立一个新的二进制文件
ab+ （读写）	为读/写打开一个二进制文件

说明：

1）用"r"方式打开的文件只能用于向计算机输入而不能用作向该文件输出数据，而且该文件应该已经存在，不能用其打开一个不存在的文件。

2）用"w"方式打开的文件只能用于向该文件写数据，而不能用来向计算机输入。如果原来不存在该文件，则在打开时新建立一个以指定的名字命名的文件。如果该文件已经存在，则在打开时将该文件删去，然后重新建立一个新文件。

3）如果希望向文件末尾添加新的数据（不希望删除原有的数据），则应该用"a"方式打开。此时该文件必须已经存在，否则将出错。打开时，位置指针移动到文件末尾。

4）用"r+"、"w+"、"a+"方式打开的文件即可以用来输入数据，也可以用来输出数据。用"r+"方式打开的文件应该已经存在。用"w+"方式则新建立一个文件，先向该文件写数据，然后可以读该文件中的数据。用"a+"方式打开的文件，原来的文件不被删除，位置指针移动到文件末尾，可以添加，也可以读。

5）如不能打开文件，fopen 函数将带回一个出错信息，函数的返回值为 NULL（在 stdio.h 中定义）。常用下面的方式打开一个文件：

```
if((fp=fopen("file", "r") )==NULL)
{    printf("Can't open this file! \n");
exit(0);           }
```

即先检查打开操作是否出错，有些 C 编译系统可能不完全提供这些文件操作方式。

6）在向计算机输入文本文件时，将回车换行符转换为换行符，在输出时将换行符转换成回车符和换行符。在用二进制文件时，不进行这种转换。

7）在程序开始运行时，系统自动打开 3 个标准文件：标准输入（stdin）、标准输出（stdout）、标准出错输出（stderr），且这 3 个文件都与终端相联。因此以前所用到的从终端输入输出都不需要打开终端文件。

11.3.2 文件的关闭（fclose 函数）

在使用完一个文件后应该关闭它，以防止被误用。"关闭"就是使文件指针不指向该文件，此后不能再通过该指针对原来与其相联系的文件进行读写操作。除非再次打开时，使该指针变量重新指向该文件。fclose 函数调用的一般形式为：

```
fclose(FILE *fp);
```

例如：

```
fclose(fp);
```

此函数返回值为整型（0——成功，-1 或 EOF——失败），应养成在程序终止前关闭文件的习惯，否则可能会丢失数据。

11.4   文件的读写

11.4.1   读写一个字符的函数——fgetc( )和 fputc( )

1. fputc 函数

把一个字符写到磁盘文件上去。其一般调用的形式为：

```
fputc( char ch,FILE *fp );
```

此函数作用是把一个字符写到文件中去。其中 ch 代表要写入的字符，fp 为要写的文件指针。函数的返回值在写入成功时是写入的字符，在写入失败时是 EOF（即-1）。

2. fgetc 函数

从指定的文件读入一个字符，该文件必须是以读或读写方式打开的。其一般调用的形式为：

```
fgetc( FILE *fp );
```

此函数作用是从指定的文件读出一个字符，返回值是一个整型，代表读到的字符。如果在读数据时遇到文件结束符，函数返回值为 EOF（即-1，在 stdio.h 中定义）。这对于读文本文件是没有问题的。

当读二进制文件时，因为其数据的值可能为-1，这和 EOF 的值相同，造成理解错误。所以在 ANSI C 中提供了一个函数 feof 来判断文件是否真的文件结束。feof(FILE *fp)函数的返回值为 1，表示文件结束，否则表示文件未结束。故无论对文本文件还是二进制文件都可用函数 feof 来判断文件是否结束。

为书写方便，系统在 stdio.h 中把 fputc 和 fgetc 定义为宏名 putc 和 getc，这样用 fputs 和 puts 及用 fgetc 和 getc 是一样的。

3. 应用举例

【例 11.1】 从键盘输入一些字符，逐个把它们送到磁盘上去，直到输入"#"为止。

```
#include <stdio.h>
main()
{
    FILE *fp;
    char ch,filename[10];
    scnaf("%s",filename);
    if((fp=fopen("filename", "w") )==NULL)
{   printf("Can't open this file! \n");
        exit(0);        }
    ch=getchar();       /*用来接收在执行 scanf 语句时最后输入的回车符*/
    ch=getchar();       /*接收输入的第一个字符*/
    while(ch!='#')
      {
          fputc(ch,fp);
          putchar(ch);
          ch=getchar();
      }
    fclose(fp);
}
```

运行情况如下：

```
file1.c<Enter>   （输入磁盘文件）
computer and c#  （输入一个字符串）
computer and c#  （输出一个字符串）
```

11.4.2 读写数据块的函数——fread( )和 fwrite( )

用 getc 和 putc 函数可以用来读写文件中的一个字符，但是常常要求一次读入一组数据。ASNI C 标准提出了两个函数可以用来读写一个数据块，其一般调用形式为：

```
fread(char *buffer,int size,int count,FILE *fp);
```
其作用是从 fp 指向的文件中读出 count 个 size 字节的数据到 buffer 中。

```
fwrite(char *buffer,int size,int count,FILE *fp);
```
其作用是把从 buffer 起始地址开始的 count 个 size 字节的数据写到 fp 指向的文件中。

buffer：是一个指针，对 fread，它是读入数据的存放地址。对 fwrite，它是输入数据的地址。

size：要读/写字节数。

count：要读/写多少个 size 字节的数据项。

函数调用成功：返回 count 的值。

当以二进制形式打开文件时，fread 和 fwrite 函数可以读写任何类型的信息。

11.4.3 格式化读写函数——fscanf( )和 fprintf( )

fscanf 函数、fprintf 函数与 scanf 函数、printf 函数作用相仿，都是格式化读写函数。只是有一点不同：fscanf 函数和 fprintf 函数的读写对象不是终端而是磁盘文件。他们的一般调用形式为：

```
fscanf(文件指针，格式字符串，输入表列);
```
此函数可从文件指针所指向的文件中读入 ASCII 字符，此函数返回一个大于 0 的数表示成功，否则函数调用失败。

例如

```
fscanf(fp, "%d,%f",&i,&f);
fprintf(文件指针，格式字符串，输出表列);
```
此函数将格式数据输出到文件指针所指向的文件,此函数返回一个大于 0 的数表示成功，否则函数调用失败。

例如

```
fprintf(fp, "%3d,%6.1f",i,f);
```
由于这两个函数在执行时占用时间多，所以在内存与磁盘频繁交换数据的情况下，最好不要用这两个函数。

11.4.4 其他读写函数

1. 整数读写函数——putw( )和 getw( )

1）getw 函数原型

```
int getw(FILE fp);/*读*/
```
该函数的作用是从一个文件中得到一个整数，此函数调用成功返回读到的整数，否则为 EOF。

2）putw 函数原型

```
int putw(int w, FILE fp);/*写*/
```
该函数的作用是把一个整数写到一个文件中，此函数调用成功返回写的整数，否则为 EOF。

2. 字符串读写函数——fgets( )和 fputs( )

1）fgets 函数原型

```
char *fgets(char *s,int n,FILE *fp); /*读*/
```

该函数的作用是从一个文件中得到一个字符串，n 为要求得到的字符个数，只从文件中得到 n-1 个字符，最后加上'\0'，把它放到 s 中。此函数调用成功返回读到的字符串指针，否则为 EOF。

2）fputs 函数原型

```
int fputs(const char *s,FILE *fp); /*写*/
```

该函数的作用是把一个字符串写到一个文件中，此函数调用成功返回最后写的字符，否则为 EOF。

11.5　文件的定位与出错检测

文件中有一个位置指针，指向当前读写的位置。顺序读写文件，每读完或写完一个字符，该位置指针自动移动指向下一个字符位置。如果要改变这样的规律，强制使位置指针指向其他指定的位置，可以使用有关的函数。

11.5.1　文件的定位

1. rewind 函数

调用形式为：

```
rewind（文件指针）;
```

rewind 函数的作用是使位置指针重新返回文件的开头，此函数没有返回值。

2. fseek 函数和随机读写

对流式文件可以进行顺序读写，也可以进行随机读写。所谓随机读写，是指读写完上一个字符（字节）后，并不一定要读写其后续的字符（字节），而可以读写文件任意所需的字符（字节）。

用 fseek 函数可以实现改变文件的位置指针，其调用形式为：

```
fseek（文件类型指针，位移量，起始点）
```

其中，"起始点"用 0、1 或 2 代替，0 代表"文件开始"，1 为"当前位置"，2 为"文件末尾"。ANSI C 标准指定的名字如表 11.2 所示。

"位移量"指以"起始点"为基点，向前移动的字节数。

fseek 函数一般用于二进制文件，因为文本文件要发生字符转换，计算位置时往往会发生混乱。

表 11.2　fseek 函数的起始点名字

起始点	名字	用数字代表
文件开始	SEEK_SET	0
文件当前位置	SEEK_CUR	1
文件末尾	SEEK_END	2

调用举例：

```
fseek(fp,100L,0);      将位置指针移到离文件头 100 个字节处
fseek(fp,50L,1);       将位置指针移到离当前位置 50 个字节处
fseek(fp,-10L,2);      将位置指针从文件末尾处向后退 10 个字节
```

3．ftell 函数

调用形式为：

```
ftell (文件指针);
```

ftell 函数的作用是得到流式文件中的当前位置，用相对于文件开头的位移量来表示。如果 ftell 函数返回值为-1L，表示出错。

11.5.2　出错的检测

1．ferror 函数

在调用各种输入输出函数时，如果出现错误，除了函数返回值有所反映外，还可以用 ferror 函数检查。它的一般调用形式为：

```
ferror(文件指针);
```

如果 ferror 函数返回 0，表示未出错。如果返回一个非 0 值，表示出错。

在执行 fopen 函数时，ferror 函数的初始值自动设置为 0。

2．clearerr 函数

clearerr 函数的作用是使文件错误标志和文件结束标志置为 0。假设在调用一个输入输出函数时出现错误，ferror 函数值为一个非零值。在调用 clearerr(fp)后，ferror(fp)的值变成 0。

11.6　文件输入输出小结

如表 11.3 所示，列出了常用的缓冲文件系统函数，便于查阅。

表 11.3 常用的缓冲文件系统函

分类	函数名	功能
打开文件	fopen( )	打开文件
关闭文件	fclose( )	关闭文件
文件定位	rewind( )	文件位置指针置于文件开头
	fseek( )	改变文件位置指针
	ftell( )	返回文件位置指针的当前值
文件的读写	fgetc( ) getc( )	从指定文件输入一个字符
	fputc( ) putc( )	向指定文件输出一个字符
	fgets( )	从指定文件输入一个字符串
	fputs( )	向指定文件输出一个字符串
	getw( )	从指定文件输入一个字（整型）
	putw( )	向指定文件输出一个字（整型）
	fread( )	从指定文件输入一个数据块
	fwrite( )	向指定文件输出一个数据块
	fscanf( )	按指定格式从指定文件输入数据
	fprintf( )	按指定格式向指定文件输出数据
文件的状态	ferror( )	测试文件操作是否出错
	clearerr( )	清除文件的出错标志
	feof( )	若到文件末尾，函数值为"真"（非 0）

 本章小结

文件就是指存储在外部介质上数据的集合。数据输入不仅可来自键盘输入，也可能来自于某个文件；而数据输出不仅可输出到屏幕，还可能写到磁盘的某个文件中。

一个文件是一个字节流或二进制流，文件存取是以字符（字节）为单位的。输入输出的数据流的开始和结束仅受程序控制，不受物理符号(如回车换行符)的控制。这种文件称为流式文件。文件的处理方法为缓冲文件系统和非缓冲文件系统。

C 语言库函数为我们提供了方便的文件操作函数（文件的创建、打开、关闭、读出、写入、出错检查等）。

 思考与练习

1. 选择题
（1）当已存在一个 abc.txt 文件时，执行函数 fopen ("abc.txt", "r++")的功能是（ ）。
  A. 打开 abc.txt 文件，清除原有的内容
  B. 打开 abc.txt 文件，只能写入新的内容
  C. 打开 abc.txt 文件，只能读取原有内容
  D. 打开 abc.txt 文件，可以读取和写入新的内容

（2）若用 fopen( )函数打开一个新的二进制文件，该文件可以读也可以写，则文件打开模式是（　　）。

        A. "ab+"   B. "wb+"   C. "rb+"   D. "ab"

（3）使用 fseek 函数可以实现的操作是（　　）。（0 级）

        A. 改变文件的位置指针的当前位置   B. 文件的顺序读写

        C. 文件的随机读写   D. 以上都不对

（4）fread(buf,64,2,fp)的功能是（　　）。

        A. 从 fp 文件流中读出整数 64，并存放在 buf 中

        B. 从 fp 文件流中读出整数 64 和 2，并存放在 buf 中

        C. 从 fp 文件流中读出 64 个字节的字符，并存放在 buf 中

        D. 从 fp 文件流中读出 2 个 64 个字节的字符，并存放在 buf 中

（5）以下程序的功能是（　　）。

```
main( )
{FILE *fp;  char str[ ]="HELLO";  fp=fopen("PRN","w");
fpus(str,fp);fclose(fp);  }
```

        A. 在屏幕上显示"HELLO"   B. 把"HELLO"存入 PRN 文件中

        C. 在打印机上打印出"HELLO"   D. 以上都不对

（6）若 fp 是指向某文件的指针，且已读到此文件末尾，则库函数 feof(fp)的返回值是（　　）。

        A. EOF   B. 0   C. 非零值   D. NULL

（7）以下叙述中不正确的是（　　）。

        A. C 语言中的文本文件以 ASCII 码形式存储数据

        B. C 语言中对二进制位的访问速度比文本文件快

        C. C 语言中，随机读写方式不使用于文本文件

        D. C 语言中，顺序读写方式不使用于二进制文件

2. 编写解决以下问题的 C 语言程序

（1）编写一个程序，由键盘输入一个文件名，然后把从键盘输入的字符依次存放到该文件中，用'#'作为结束输入的标志。

（2）编写一个程序，建立一个 abc 文本文件，向其中写入"this is a test"字符串，然后显示该文件的内容。

（3）编写一程序，查找指定的文本文件中某个单词出现的行号及该行的内容。

 实训十一　文件的应用

一、实训目的

1）理解文件的概述、文件的分类及特点。

2）掌握文件打开、关闭、读写、定位及出错检测等函数。

二、预习知识

1）文件的概述、文件的分类及特点。

2）文件打开、关闭、读写、定位及出错检测等函数。

三、知识要点

文件打开、关闭、读写、定位及出错检测等函数。

四、实训内容与步骤

熟悉 C 程序中文件的使用。

1．模仿实验

（1）从键盘输入 8 个字符，写入 d:\tc\231.txt 文件。

分析：定义文件指针 fp，打开指定的文件 231.txt。

```
fp=fopen("d:\tc\231.txt","wb");
```

把 8 个字符存入数组 a，将其写入文件：

```
fwrite(a,sizeof(char),8,fp);
```

（2）将 10 个学生的姓名、成绩存入磁盘文件 stu.txt 中，同时把成绩高于 80 的学生名字输出到屏幕。

分析：定义文件指针 fp，打开 stu.txt 文件，同时设置为读写方式

```
fp=fopen("stu.txt","rt+");
```

将学生的姓名、成绩写入 stu.txt 中，把其中成绩高于 80 分的学生名字输出。

2．编程

（1）从键盘输入 10 个整数，写入 d:\tc\123.txt 文件。

（2）将 10 个学生的姓名、成绩存入磁盘文件 stu.txt 中，求出成绩的最高分输出到屏幕。

五、实训要求及总结

1．结合上课内容，对上述程序先阅读，然后上机并调试程序，并对实验结果写出你自己的分析结论。

2．整理上机步骤，总结经验和体会。

3．完成实验报告和上交程序。

主要参考文献

Eric S.Roberts. 2004. C 语言的科学和艺术. 北京：机械工业出版社

Greg Perry. 1994. C Programming in 12 Ease Lessons. 明辉译. 北京：学苑出版社

秦友淑，曹化工. 2002. C 语言程序设计. 北京：电子工业出版社

谭浩强. 1999. C 程序设计（第二版）. 北京：清华大学出版社

田淑清，周海燕等. 1998. C 程序设计. 北京：电子工业出版社

汪金营. 2004. C 语言程序设计案例教程. 北京：人民邮电出版社

温海，张友，童伟. 2004. C 语言精彩编程百例. 北京：中国水利水电出版社

钟廷志，赵洪波. 2004. C 语言程序设计. 北京：人民邮电出版社